Metodologia
do ensino
de ciências
biológicas
e da natureza

Informamos que é de inteira responsabilidade das autoras a emissão de conceitos. Nenhuma parte desta publicação poderá ser reproduzida por qualquer meio ou forma sem a prévia autorização da Editora InterSaberes. A violação dos direitos autorais é crime estabelecido na Lei n. 9.610/1998 e punido pelo art. 184 do Código. Foi feito o depósito legal.

1ª edição, 2011
2ª edição, 2025

Lindsay Azambuja
EDITORA-CHEFE

Ariadne Nunes Wenger
GERENTE EDITORIAL

Daniela Viroli Pereira Pinto
ASSISTENTE EDITORIAL

Monique Francis Fagundes Gonçalves
Palavra do Editor
EDIÇÃO DE TEXTO

Denis Kaio Tanaami
DESIGN DE CAPA

Will Amaro
ILUSTRAÇÃO DA CAPA

Raphael Bernadelli
PROJETO GRÁFICO

Regiane Rosa
ADAPTAÇÃO DE PROJETO GRÁFICO

Regina Claudia Cruz Prestes
ICONOGRAFIA

Dados Internacionais de Catalogação na Publicação (CIP)
(Câmara Brasileira do Livro, SP, Brasil)

Fernandes, Diane Lucia de Paula Armstrong
  Metodologia do ensino de ciências biológicas e da natureza / Diane Lucia de Paula Armstrong Fernandes, Liane Maria Vargas Barboza. -- 2. ed. rev. e atual. -- Curitiba, PR : InterSaberes, 2025. -- (Série metodologias)

  Bibliografia
  ISBN 978-85-227-1606-7

  1. BNCC - Base Nacional Comum Curricular 2. Ciências - Estudo e ensino 3. Ciências da natureza - Estudo e ensino 4. Ciências naturais - Estudo e ensino 5. Ensino - Metodologia 6. Prática de ensino I. Barboza, Liane Maria Vargas. II. Título. III. Série.

24-224900   CDD-507

Índices para catálogo sistemático:
1. Ciências : Estudo e ensino : Metodologia   507

Cibele Maria Dias - Bibliotecária - CRB-8/9427

---

inter saberes

Rua Clara Vendramin, 58 . Mossunguê . CEP 81200-170
Curitiba . PR . Brasil . Fone: (41) 2106-4170
www.intersaberes.com . editora@intersaberes.com

CONSELHO EDITORIAL
Dr. Alexandre Coutinho Pagliarini
Drª. Elena Godoy
Dr. Neri dos Santos
Mª. Maria Lúcia Prado Sabatella

apresentação, vii

como aproveitar ao máximo este livro, xi

introdução, xvii

um
Senso comum e conhecimento científico, 20

dois
As ciências da natureza na educação infantil, 72

três
As ciências da natureza no ensino fundamental, 110

quatro
As ciências da natureza no ensino médio, 166

cinco
Princípios de sistematização do ensino de ciências: do método científico ao método de ensino, 210

seis
Planejamento e organização de atividades: textos, livros didáticos, atividades de campo e recursos tecnológicos, 264

considerações finais, 313

referências, 317

bibliografia comentada, 329

respostas, 331

sobre as autoras, 339

apresentação...

Com a evolução do conhecimento científico diante de outras formas de conhecimento e as implicações devidas a esse desenvolvimento, o ensino de Ciências tem buscado metodologias inovadoras que promovam a aprendizagem científica de uma maneira mais dinâmica, atual e contextualizada.

Nessa perspectiva, surgem as contribuições advindas dos documentos oficiais da Base Nacional Comum Curricular (BNCC), a qual propõe um novo modelo de ensino, com competências, habilidades e conhecimentos a serem desenvolvidos pelo estudante desde a educação infantil até o ensino médio.

Esta obra tem como proposta a abordagem de metodologias e estratégias que possam contribuir para a aprendizagem e a produção do conhecimento científico no âmbito do ensino das ciências da natureza, com ênfase em ciências biológicas, considerando-se os encaminhamentos da BNCC.

Os temas e os recursos didáticos que aqui serão apresentados visam nortear as práticas pedagógicas do professor que está ingressando e dos docentes que já atuam na área de ciências da natureza na educação básica.

Com essa finalidade, a obra está organizada em seis capítulos, estruturados de modo que o conteúdo teórico abordado leve a uma interpretação concisa e gradual sobre o assunto, por meio de uma linguagem clara e didática.

No **Capítulo 1**, apresentamos os aspectos fundamentais acerca da ciência e de seus métodos, a classificação e as características peculiares de cada componente curricular da área de ciências da natureza, além das particularidades do conhecimento do senso comum para a formação de conceitos.

Ainda nesse capítulo, caracterizamos o conhecimento científico e seu fortalecimento diante do conhecimento comum, demonstrando a relação entre essas duas formas de conhecimento, as características que as contrapõem e os conceitos que levam ao seu entendimento.

No **Capítulo 2**, abordamos a educação infantil e suas especificidades, destacando as diretrizes da BNCC no que se refere aos eixos estruturantes, aos direitos de aprendizagem e aos campos de experiências para a aprendizagem da criança, assim como a importância da abordagem das ciências da natureza nessa primeira etapa de ensino da educação básica.

No **Capítulo 3**, tratamos do ensino de ciências naturais no ensino fundamental, apresentando os conteúdos do ensino de ciências nas séries iniciais e finais dessa etapa, bem como a relação entre esses conteúdos e as diferentes áreas do conhecimento.

No **Capítulo 4**, enfocamos o ensino de ciências naturais no ensino médio, apresentando os conteúdos ensinados nas três séries dessa etapa, bem como a relação entre esses conteúdos e as diferentes áreas do conhecimento.

O **Capítulo 5** é dedicado aos princípios de sistematização do ensino de Ciências, que se estendem do método científico ao método de ensino utilizado em sala de aula para o desenvolvimento do conhecimento científico. Analisamos os conceitos de metodologia e métodos de ensino, os princípios do método científico, além das implicações pedagógicas para o método de investigação científica e a produção do conhecimento.

Por fim, no **Capítulo 6**, tratamos do planejamento e da organização de atividades por meio de textos, livros didáticos, atividades de campo e recursos tecnológicos, abordando ainda os processos avaliativos como instrumentos que auxiliam o processo de ensino e aprendizagem, em conformidade com as recomendações estabelecidas na BNCC.

Todos os capítulos têm um texto de abertura, no qual são apresentados os conteúdos que ali serão tratados. No final dos capítulos, há uma síntese dos assuntos abordados. Posteriormente, são fornecidas indicações culturais de livros, filmes ou outros materiais relacionados ao tema do capítulo. Na sequência, o leitor pode testar seus conhecimentos por meio de questões de autoavaliação, cuja finalidade é a revisão dos conceitos explorados no capítulo, seguindo-se uma seção de questões para reflexão, as quais têm por objetivo promover um estudo mais aprofundado do assunto. Por fim, são sugeridas atividades que visam promover o aprendizado e a articulação entre a teoria e a prática.

Desejamos que esta obra possa contribuir para o aprendizado e a assimilação dos conceitos referentes ao desenvolvimento de novas metodologias de ensino.

Como aproveitar ao máximo este livro...

Empregamos nesta obra recursos que visam enriquecer seu aprendizado, facilitar a compreensão dos conteúdos e tornar a leitura mais dinâmica. Conheça a seguir cada uma dessas ferramentas e saiba como estão distribuídas no decorrer deste livro para bem aproveitá-las.

Introdução do capítulo

Logo na abertura do capítulo, você é informado a respeito dos conteúdos que nele serão abordados, bem como dos objetivos que o autor pretende alcançar.

Para saber mais

Sugerimos a leitura de diferentes conteúdos digitais e impressos para que você aprofunde sua aprendizagem e siga buscando conhecimento.

Pare e pense

Nesta seção, destacamos definições e conceitos elementares para a compreensão dos tópicos do capítulo.

Simplificando

Algumas ideias apresentadas na obra são aqui abordadas de forma mais sintética, a fim de ajudá-lo no entendimento do assunto.

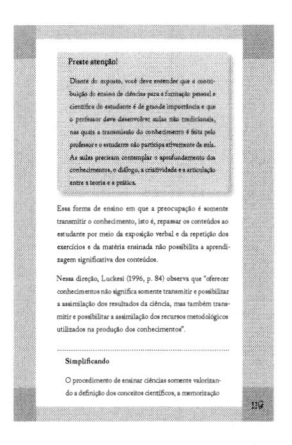

Preste atenção!

Apresentamos informações complementares a respeito do assunto que está sendo tratado.

Síntese

Você conta, nesta seção, com um recurso que o instigará a fazer uma reflexão sobre os conteúdos estudados, de modo a contribuir para que as conclusões a que você chegou sejam reafirmadas ou redefinidas.

Indicações culturais

Ao final do capítulo, oferecemos algumas indicações de livros, filmes ou sites que podem ajudá-lo a refletir sobre os conteúdos estudados e permitir o aprofundamento em seu processo de aprendizagem.

Atividades de autoavaliação

Com estas questões objetivas, você tem a oportunidade de verificar o grau de assimilação dos conceitos examinados, motivando-se a progredir em seus estudos e a preparar-se para outras atividades avaliativas.

Atividades de aprendizagem

Aqui você dispõe de questões cujo objetivo é levá-lo a analisar criticamente um determinado assunto e aproximar conhecimentos teóricos e práticos.

Bibliografia comentada

Nesta seção, você encontra comentários acerca de algumas obras de referência para o estudo dos temas examinados.

introdução...

Nos últimos tempos, temos vivenciado mudanças em muitas situações de nosso dia a dia, nas quais a ciência se faz presente de várias formas, seja nas descobertas científicas que facilitam e melhoram nossa qualidade de vida e são fundamentais para a sobrevivência humana, seja nas descobertas que trazem consequências desastrosas ao meio ambiente e aos que nele vivem.

Dessa maneira, as descobertas científicas decorrentes dessas mudanças incidem sobre muitos aspectos sociais, econômicos e culturais da vida cotidiana do estudante, o qual tenta compreender todas essas mudanças e se relacionar com elas de um modo ativo, crítico e participativo.

Ao analisarmos os avanços científicos e tecnológicos e seus reflexos na sociedade moderna, devemos considerar o papel fundamental da educação escolar para o estudante na assimilação das informações e dos conhecimentos, bem como na superação dos desafios que esses avanços impõem.

Assim, destaca-se a função da escola na formação pessoal e intelectual do estudante, que tem no ensino das ciências naturais a possibilidade de adquirir o conhecimento e a informação necessária para se posicionar acerca de questões da vida cotidiana e intervir no contexto social em que vive.

Espera-se, portanto, que a apropriação do conhecimento científico possa contribuir para tornar o estudante um sujeito questionador e crítico no que se refere às implicações da ciência e da tecnologia em sua vida diária, de modo que tenha o bom senso de usar as descobertas científicas de forma racional e equilibrada.

Com o objetivo de tornar mais enriquecedor o exercício pedagógico do professor, esperamos que este material sirva como apoio para a reflexão sobre a prática desenvolvida no planejamento de suas aulas e que possibilite a busca por novas estratégias e metodologias para serem aplicadas na atividade educacional.

um...

Senso comum e conhecimento científico

Diane Lucia de Paula Armstrong Fernandes

Neste capítulo, vamos definir o que é ciência, mostrando sua classificação, os princípios acerca de seus métodos de investigação, os fundamentos que a caracterizam como forma de conhecimento e seu papel no contexto social.

Abordaremos a organização curricular da Base Nacional Comum Curricular (BNCC), pautada em competências e habilidades a serem desenvolvidas na educação básica, destacando seu compromisso com os direitos de aprendizagem e o desenvolvimento dos estudantes.

Em nossa abordagem, enfocaremos a área do conhecimento das ciências da natureza e os objetos de estudo de seus componentes curriculares, enfatizando a aplicação do conhecimento dessas ciências e a importância da biologia em muitas situações da vida cotidiana.

Trataremos da formação dos conceitos baseados no conhecimento do senso comum, examinando como essas noções espontâneas, adquiridas das experiências cotidianas do estudante, interagem com os conceitos científicos adquiridos em sala de aula.

Vamos esclarecer que o conhecimento científico é dinâmico e está em constante transformação, já que se baseia em fatos confirmáveis por meio de pesquisas e de métodos científicos. Igualmente, vamos demonstrar sua relação com o conhecimento do senso comum e o modo como estão interligados, apesar de apresentarem diferentes interpretações acerca de um mesmo fenômeno.

Tendo isso em vista, o objetivo aqui é apresentar a você, leitor, os fundamentos da ciência como forma de conhecimento, os aspectos que diferenciam o conhecimento científico do conhecimento comum, o fortalecimento do conhecimento científico diante de outras formas de conhecimento e as implicações da construção do conhecimento científico no ensino das ciências da natureza com atenção às ciências biológicas.

1.1 FUNDAMENTOS DA CIÊNCIA

As contribuições advindas da evolução da ciência ao longo dos anos estão em toda parte, seja na produção de novos materiais que revolucionam o mundo das engenharias, seja na descoberta de um novo tecido que faz nossas roupas se adaptarem às mudanças de temperatura, seja em novas vacinas que previnam enfermidades.

Vemos, assim, que o acervo de informações, conceitos e teorias resultantes dessa evolução influenciou efetivamente nosso desenvolvimento humano e social, colaborando para que pudéssemos compreender e interpretar as mais diferentes situações vivenciadas em nosso dia a dia.

Embora tantas teorias tenham sido formuladas e muitas perguntas tenham sido respondidas, ainda buscamos entender como tudo começou e como a ciência surgiu.

É preciso considerar que a busca pela interpretação dos fenômenos foi fundamental para o surgimento da ciência. Segundo Fachin (2006, p. 19), o ser humano, diante da necessidade de: "compreender e dominar o meio, ou o mundo, em seu benefício e da sociedade da qual faz parte, acumula conhecimentos racionais sobre seu próprio meio e sobre as ações capazes de transformá-lo".

Tendo em vista que o conhecimento adquirido ao longo dos anos contribuiu para o desenvolvimento científico, algumas definições de *ciência* foram propostas.

Na concepção de Souza (1995, p. 59), a ciência "é uma das formas de conhecimento que o homem produziu no transcurso de sua história, com o intuito de entender e explicar racional e objetivamente o mundo para nele poder intervir".

Chassot (2003, p. 91) descreve a ciência "como uma linguagem construída pelos homens e pelas mulheres para explicar o nosso mundo natural".

Ainda com a finalidade de esclarecer o que é ciência, Volpato (2016, p. 218) acrescenta que esta "visa explicar o que são os elementos do mundo e como se relacionam entre si, de forma a dar ferramentas conceituais para o ser humano compreender o mundo e atuar nele segundo suas próprias diretrizes".

Pare e pense
Pelo que vimos até agora, como podemos conceituar *ciência*?

A ciência pode ser conceituada como uma forma de conhecimento sistemática, que busca explicar os fundamentos da natureza por meio de um trabalho racional. Ela conta com critérios metodológicos para demonstrar a veracidade dos fatos observados, mediante instrumentos, técnicas e procedimentos de observação fundamentados em diferentes métodos experimentais.

No entanto, a compreensão e a interpretação do conceito de ciência são dois aspectos muito discutidos. Com relação a essa dificuldade de conceituar e compreender o que é ciência, Marconi e Lakatos (2022, p. 9) entendem que *desses conceitos emana a característica de apresentar-se a ciência como um pensamento racional, objetivo, lógico e confiável, ter como particularidade o ser sistemático, exato e falível, ou seja, não final e definitivo, pois deve ser verificável, isto é, submetido à experimentação para a comprovação de seus enunciados e hipóteses, procurando-se as relações causais; destaca-se, também, a importância da metodologia que, em última análise, determinará a própria possibilidade de experimentação.*

Esse entendimento é complementado por Volpato (2016, p. 217):

Fazer ciência significa construir novos conhecimentos dentro da rede de conhecimento científico preexistente. Esse conhecimento não é estático, mas dinâmico, e sua construção contempla inclusão de novas informações, bem como modificação do que se aceita, ou mesmo fortalecimento de ideias ainda controversas.

Nesse sentido, fazer ciência exige reconhecer os conhecimentos preexistentes, a racionalidade científica e a rigorosidade metódica para a obtenção e a análise de informações e dados confiáveis.

> Com base nos conceitos apresentados, podemos afirmar que a ciência se desenvolveu apoiada em dados concretos, demonstrando a verdade dos fatos e suas relações de causa e efeito, além de sistematizar o conhecimento científico conforme a natureza dos saberes, os fatos observados e os métodos próprios de pesquisa.

Assim, diversas ciências surgiram – entre elas, as humanas, as naturais, as sociais, as biológicas, as exatas, as matemáticas, as ambientais –, tendo cada uma delas objetos de investigação e referenciais metodológicos específicos que buscam atender a determinada necessidade humana.

Por conseguinte, a exigência de distinguir as características comuns de cada ciência, aliada à necessidade de uma ordenação quanto ao objeto de estudo definido e às metodologias empregadas, acarretou a necessidade de se estabelecer uma classificação para as ciências.

Pare e pense

Percebeu como é complicado fazer uma classificação para os vários campos científicos existentes nos dias atuais?

Isso acontece porque, com o passar dos anos, as ciências se modificam, uma vez que vão se inter-relacionando e, com isso, dando origem a novas ciências. Podemos dizer, então, que tais classificações acabam sendo provisórias, tendo em vista essa constante transformação.

Apesar disso, entre algumas propostas, podemos citar a classificação das ciências adotada por Marconi e Lakatos (2023), apresentada na Figura 1.1.

FIGURA 1.1 – CLASSIFICAÇÃO DAS CIÊNCIAS

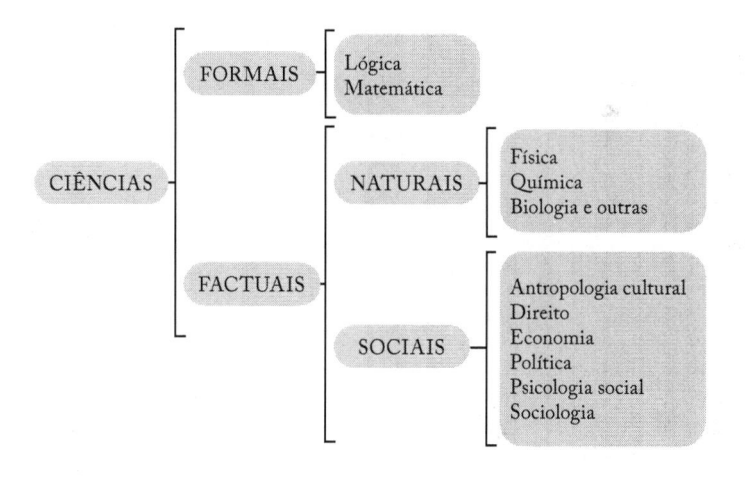

```
                    ┌ FORMAIS ─ Lógica
                    │           Matemática
                    │
                    │           ┌ Física
CIÊNCIAS ─┤         ├ NATURAIS ─┤ Química
                    │           └ Biologia e outras
                    │
                    │           ┌ Antropologia cultural
                    │           │ Direito
                    └ FACTUAIS ─┤ SOCIAIS ─ Economia
                                │           Política
                                │           Psicologia social
                                └           Sociologia
```

Fonte: Marconi; Lakatos, 2023, p. 90.

Quanto à diferenciação entre as ciências formais e as factuais, Marconi e Lakatos (2022, p. 14) esclarecem que

> *a primeira e fundamental diferença entre as ciências diz respeito às ciências formais (estudo das ideias) e às com algo encontrado na realidade, que não podem valer-se do contato com essa realidade para convalidar suas fórmulas. Por outro lado, a Física*

27

e a Sociologia, sendo ciências factuais, referem-se a fatos que supostamente ocorrem no mundo e, em consequência, recorrem à observação e à experimentação para comprovar (ou refutar) suas fórmulas (hipóteses).

Logo, entende-se que os diferentes pontos de vista das ciências foram importantes na compreensão dos fenômenos, o que evidencia que todas as áreas do conhecimento são fundamentais para o desenvolvimento humano, sendo a educação a base para a apropriação desse conhecimento.

Contudo, para que esse conhecimento seja assegurado aos nossos estudantes, é preciso que se disponha de uma educação de qualidade, atentando-se às necessidades de mudança no que se refere à melhoria do processo de ensino e aprendizagem.

Nesse contexto, observa-se que a educação brasileira tem enfrentado muitos desafios ao longo dos anos e que vem buscando, com as reformas educacionais, ações que promovam sua melhoria, sobretudo por meio de práticas pedagógicas que contemplem as reais necessidades do estudante.

Com o propósito de contemplar tais ações em conformidade com os documentos oficiais que norteiam as três etapas da educação básica (educação infantil, ensino fundamental e ensino médio), surgiu a proposta pedagógica retratada no documento da Base Nacional Comum Curricular (BNCC).

Segundo o Ministério da Educação, a BNCC

> *é um documento de caráter normativo que define o conjunto orgânico e progressivo de aprendizagens essenciais que todos os alunos devem desenvolver ao longo das etapas e modalidades da Educação Básica, de modo a que tenham assegurados seus direitos de aprendizagem e desenvolvimento, em conformidade com o que preceitua o Plano Nacional de Educação (PNE).* (Brasil, 2018a, p. 7)

Dessa forma, como um documento de caráter normativo, a BNCC propõe ações de aprendizagens que são específicas para a educação escolar nas instituições de ensino públicas e privadas, nos termos da Lei de Diretrizes e Bases da Educação Nacional (LDBEN) – Lei n. 9.394 de 20 de dezembro de 1996 (Brasil, 1996). Conforme consta na BNCC (2018a, p. 7), "este documento normativo aplica-se exclusivamente à educação escolar, tal como a define o § 1º do Artigo 1º da Lei de Diretrizes e Bases da Educação Nacional".

A BNCC, sendo um documento normativo, define as aprendizagens essenciais aos currículos escolares, visando à formação integral do estudante e à construção de uma educação inclusiva e democrática, nos termos das Diretrizes Curriculares Nacionais da Educação Básica (DCN). Tais propostas educacionais são destacadas no documento, afirmando-se que ele "está orientado pelos princípios éticos, políticos e estéticos que visam à formação humana integral e à construção de uma sociedade justa, democrática e inclusiva, como fundamentado nas Diretrizes Curriculares Nacionais da Educação Básica (DCN)" (Brasil, 2018a, p. 7).

Embora o currículo se constitua na organização de conteúdos e de estratégias de ensino e aprendizagem, a BNCC não é um currículo ou uma padronização de conhecimentos a ser seguido na escola. Como explica Marcondes (2018, p. 270),

Uma base nacional comum curricular não significa uma padronização dos conhecimentos a serem tratados na escola, uma vez que cabe às unidades escolares a produção de seus projetos políticos pedagógicos, o que lhes garante apropriarem-se daquilo que é posto como comum de acordo com suas realidades e necessidades, integrando saberes universais com demandas locais, valorizando culturas e necessidades regionais. Assim, uma base nacional comum curricular pode contribuir para possibilitar o direito a aprendizagens a todos os estudantes de saberes que constituem nosso patrimônio cultural, e se possa avançar na qualidade da educação, tendo em vista as especificidades que caracterizam os diferentes contextos escolares de nosso país.

> Assim, a BNCC é um documento referencial que visa orientar a construção dos currículos das escolas privadas, estaduais e municipais de ensino básico, com o intuito de garantir mais qualidade para a educação escolar, por meio de um conjunto de conhecimentos e habilidades centradas na participação ativa do estudante em todo o processo de aprendizagem.

Importante mencionar que, para a sua conclusão, o documento da BNCC passou por um período de debates com educadores de todo o Brasil; no entanto, a homologação para as diferentes etapas da educação básica ocorreu em períodos diferentes: para a educação infantil e o ensino fundamental, a aprovação e a homologação do documento pelo Ministério da Educação se deram em 2017 e, para o ensino médio, em 2018 (Brasil, 2018a).

A organização da BNCC está pautada em competências gerais e habilidades que devem ser desenvolvidas ao longo da educação básica, conferindo-se à escola o compromisso de garantir os direitos de aprendizagem que possam preparar o estudante para o pleno exercício da cidadania.

O termo **competência** é definido no documento da BNCC como "a mobilização de conhecimentos (conceitos e procedimentos), habilidades (práticas, cognitivas e socioemocionais), atitudes e valores para resolver demandas complexas da vida cotidiana, do pleno exercício da cidadania e do mundo do trabalho" (Brasil, 2018a, p. 8).

Já as **habilidades** representam as aprendizagens essenciais que devem ser asseguradas aos estudantes nos diferentes contextos escolares, as quais estão relacionadas com os objetos de conhecimento (conteúdos, conceitos) que devem ser desenvolvidos pelos estudantes nas três etapas da educação básica (Brasil, 2018a).

A BNCC propõe dez competências gerais, as quais estão listadas a seguir e são assim descritas:

> *É imprescindível destacar que as **competências gerais da Educação Básica** [...] inter-relacionam-se e desdobram-se no tratamento didático proposto para as três etapas da Educação Básica (Educação Infantil, Ensino Fundamental e Ensino Médio), articulando-se na construção de conhecimentos, no desenvolvimento de habilidades e na formação de atitudes e valores, nos termos da LDB. (Brasil, 2018a, p. 8-9, grifo do original)*

Em linhas gerais, "a BNCC está estruturada de modo a explicitar as competências que devem ser desenvolvidas ao longo de toda a Educação Básica e em cada etapa da escolaridade, como expressão dos direitos de aprendizagem e desenvolvimento de todos os estudantes" (Brasil, 2018a, p. 23).

Assim, para a educação infantil, a BNCC propõe seis direitos de aprendizagem que devem ser desenvolvidos e explorados pela criança por meio de cinco campos de experiências e seus objetivos de aprendizagem e desenvolvimento, estabelecendo-se as interações e as brincadeiras como eixos estruturantes das práticas pedagógicas dessa etapa de ensino.

O ensino fundamental está organizado em cinco áreas de conhecimento, sendo estas divididas em componentes curriculares, os quais se subdividem em unidades temáticas, cujos objetos de conhecimento são condizentes com o ano de escolaridade atual. São definidas competências específicas para as áreas de conhecimento e para os componentes curriculares.

O ensino médio se divide em áreas de conhecimento, que abrigam os componentes curriculares, as competências específicas das áreas de conhecimento e dos componentes curriculares, além das habilidades correspondentes.

Competências gerais da Educação básica

1. Valorizar e utilizar os conhecimentos historicamente construídos sobre o mundo físico, social, cultural e digital para entender e explicar a realidade, continuar aprendendo e colaborar para a construção de uma sociedade justa, democrática e inclusiva.
2. Exercitar a curiosidade intelectual e recorrer à abordagem própria das ciências, incluindo a investigação, a reflexão, a análise crítica, a imaginação e a criatividade, para investigar causas, elaborar e testar hipóteses, formular e resolver problemas e criar soluções (inclusive tecnológicas) com base nos conhecimentos das diferentes áreas.
3. Valorizar e fruir as diversas manifestações artísticas e culturais, das locais às mundiais, e também participar de práticas diversificadas da produção artístico-cultural.
4. Utilizar diferentes linguagens – verbal (oral ou visual-motora, como Libras, e escrita), corporal, visual, sonora e digital –, bem como conhecimentos das linguagens artística, matemática e científica, para se expressar e partilhar informações, experiências, ideias e sentimentos em diferentes contextos e produzir sentidos que levem ao entendimento mútuo.

5. Compreender, utilizar e criar tecnologias digitais de informação e comunicação de forma crítica, significativa, reflexiva e ética nas diversas práticas sociais (incluindo as escolares) para se comunicar, acessar e disseminar informações, produzir conhecimentos, resolver problemas e exercer protagonismo e autoria na vida pessoal e coletiva.
6. Valorizar a diversidade de saberes e vivências culturais e apropriar-se de conhecimentos e experiências que lhe possibilitem entender as relações próprias do mundo do trabalho e fazer escolhas alinhadas ao exercício da cidadania e ao seu projeto de vida, com liberdade, autonomia, consciência crítica e responsabilidade.
7. Argumentar com base em fatos, dados e informações confiáveis, para formular, negociar e defender ideias, pontos de vista e decisões comuns que respeitem e promovam os direitos humanos, a consciência socioambiental e o consumo responsável em âmbito local, regional e global, com posicionamento ético em relação ao cuidado de si mesmo, dos outros e do planeta.
8. Conhecer-se, apreciar-se e cuidar de sua saúde física e emocional, compreendendo-se na diversidade humana e reconhecendo suas emoções e as dos outros, com autocrítica e capacidade para lidar com elas.

> 9. Exercitar a empatia, o diálogo, a resolução de conflitos e a cooperação, fazendo-se respeitar e promovendo o respeito ao outro e aos direitos humanos, com acolhimento e valorização da diversidade de indivíduos e de grupos sociais, seus saberes, identidades, culturas e potencialidades, sem preconceitos de qualquer natureza.
> 10. Agir pessoal e coletivamente com autonomia, responsabilidade, flexibilidade, resiliência e determinação, tomando decisões com base em princípios éticos, democráticos, inclusivos, sustentáveis e solidários.

Fonte: Brasil, 2018a, p. 9-10.

Além de estabelecer as competências que devem assegurar os direitos de aprendizagem do estudante ao longo da educação básica, a BNCC se constitui em um referencial para que os currículos escolares sejam elaborados em conformidade com as recomendações estabelecidas no documento, pois sendo ela apresentada como

> *Referência nacional para a formulação dos currículos dos sistemas e das redes escolares dos Estados, do Distrito Federal e dos Municípios e das propostas pedagógicas das instituições escolares, a BNCC integra a política nacional da Educação Básica e vai contribuir para o alinhamento de outras políticas e ações, em âmbito federal, estadual e municipal,*

> *referentes à formação de professores, à avaliação, à elaboração de conteúdos educacionais e aos critérios para a oferta de infraestrutura adequada para o pleno desenvolvimento da educação.* (Brasil, 2018a, p. 8)

No processo de organização escolar, o currículo, conforme a visão de Deuner, Coldebella e Fiorentin (2020, p. 30-31), representa,

> *a proposta de organização de uma trajetória de escolarização, envolvendo conteúdos estudados, atividades realizadas, competências desenvolvidas, com vistas ao desenvolvimento pleno do estudante. Essa organização do currículo escolar surgiu com a escolarização em massa, que exigiu certa padronização do conhecimento a ser ensinado para os estudantes. Podemos dizer que, o currículo escolar é a pedra angular do trabalho pedagógico realizado no dia a dia das escolas. O currículo é uma referência na escola que indica o que trabalhar e como trabalhar em sala de aula.*

Uma vez que, para a BNCC, as práticas pedagógicas devem promover aprendizagens que atendam às necessidades e aos interesses dos estudantes, o documento "propõe a superação da fragmentação radicalmente disciplinar do conhecimento, o estímulo à sua aplicação na vida real, a importância do contexto para dar sentido ao que se aprende e o protagonismo do estudante em sua aprendizagem e na construção de seu projeto de vida" (Brasil, 2018a, p. 14).

Desse modo, a organização do currículo escolar baseada na proposta anteriormente apresentada demonstra a perspectiva de uma educação que busca favorecer o desenvolvimento pleno do estudante e possibilitar-lhe uma melhor compreensão de aspectos sociais, tecnológicos e histórico-culturais da sociedade de que faz parte.

Com o compromisso de assegurar o conhecimento sobre as implicações da interação da ciência com o mundo tecnológico, social e histórico-cultural no cotidiano do estudante, a área das ciências da natureza, como parte integrante dos currículos escolares, volta-se para o estudo da natureza e suas transformações, assim como para o avanço científico e tecnológico no atual contexto social.

Composta pelos componentes curriculares Ciências – ministrada no ensino fundamental – e Biologia, Física e Química – ministradas no ensino médio –, a área das ciências da natureza é comprometida com um ensino em que a compreensão dos processos envolvidos na resolução de questões ambientais, sociais, científicas e tecnológicas é necessária para o estudante enfrentar os desafios adversos do mundo contemporâneo.

Com as mudanças pelas quais passa a sociedade atual, a educação busca se adaptar e dar condições para o estudante desenvolver habilidades e competências que contribuam para a aquisição de novos conhecimentos. Esse conhecimento adquirido oportuniza ao estudante participar dos desafios do cotidiano como um cidadão ativo, crítico e reflexivo, uma vez que o aprendizado, sob quaisquer aspectos, estrutura o caráter e o intelecto do indivíduo.

No que se refere ao aprendizado dos conceitos das ciências da natureza, é comum o estudante fazer questionamentos pertinentes às suas vivências cotidianas vinculadas ao tema em estudo. Esses questionamentos são importantes, pois auxiliam no desenvolvimento das habilidades de refletir, interpretar concepções e posicionar-se criticamente.

Assim, a habilidade de fazer perguntas sobre questões que envolvem o cotidiano do estudante, como a natureza do mundo animal e vegetal, a estrutura de materiais como vidro, plástico e madeira, o movimento dos meios de transporte, a produção da energia elétrica e o funcionamento dos computadores, ao ser explorada em sala de aula, permite a ele refletir sobre a dinâmica do conhecimento adquirido e sua aplicabilidade, dando sentido ao que ele aprende.

Sob essa ótica, ressalta-se a importância do ensino da área de ciências da natureza para a educação básica, assegurando-se que os conhecimentos adquiridos possam atender às necessidades e aos interesses dos estudantes.

A BNCC assim justifica a importância desse ensino para os estudantes da educação básica:

> *Para debater e tomar posição sobre alimentos, medicamentos, combustíveis, transportes, comunicações, contracepção, saneamento e manutenção da vida na Terra, entre muitos outros temas, são imprescindíveis tanto conhecimentos éticos, políticos e culturais quanto científicos. Isso por si só já justifica, na educação formal, a presença da área de Ciências da Natureza e de seu compromisso com a formação integral dos alunos.* (Brasil, 2018a, p. 321)

Em razão disso, verificam-se, no contexto da BNCC, para o ensino dessa área do conhecimento, propostas de atividades experimentais com materiais diversificados que possibilitem compreender e interpretar o mundo natural, social e tecnológico, assim como compreender as relações da natureza, da produção científica e dos processos de evolução e manutenção da vida.

Tais atividades, que visam assegurar ao estudante uma melhor compreensão dos aportes teóricos atribuídos aos conceitos científicos, configuram-se em ações nas quais os estudantes "se deparam com uma variedade de situações que envolvem conceitos e fazeres científicos, desenvolvendo observações, análises, argumentações e potencializando descobertas" (Brasil, 2018a, p. 58).

Posto isso, considera-se que a abordagem dos conteúdos dos componentes curriculares Biologia, Física e Química deve evidenciar sua aplicabilidade nas vivências do cotidiano do estudante, de modo que o ensino dessa ciência contemple situações que envolvem os fazeres científicos.

Assim, podemos perceber a aplicabilidade dos conteúdos dos componentes curriculares das ciências da natureza no estudo dos fenômenos da natureza, dos fenômenos elétricos, das transformações da matéria e da energia, da evolução das espécies, dos problemas sociais, entre outros, devendo-se notar que cada componente curricular dessa área do conhecimento tem métodos próprios de investigação e de explicação para os fatos observados em seu entorno.

Contudo, se a biologia, a química e a física se apropriam de linguagem e simbologias próprias para estudarem e explicarem determinado fenômeno, podemos inferir que a compreensão e a interpretação dos fatos podem ocorrer de acordo com as especificidades de cada ciência.

O aprendizado desses componentes curriculares, portanto, deve abranger o entendimento de que, além de apresentarem métodos diferenciados para esclarecer os fenômenos, envolvem também princípios teórico-metodológicos diferenciados, os quais estão sujeitos a transformações e a reestruturações dentro do contexto dinâmico em que está inserido o método científico.

A realização de atividades com caráter investigativo é um método aplicado no ensino das ciências da natureza para esclarecer os fenômenos do cotidiano. Tais atividades visam despertar o interesse e o senso crítico do estudante, estimular a curiosidade, a autonomia e a formulação de perguntas, além de favorecer a socialização e a construção de conceitos científicos. Esse propósito é ressaltado na BNCC:

> *O estímulo ao pensamento criativo, lógico e crítico, por meio da construção e do fortalecimento da capacidade de fazer perguntas e de avaliar respostas, de argumentar, de interagir com diversas produções culturais, de fazer uso de tecnologias de informação e comunicação, possibilita aos alunos ampliar sua compreensão de si mesmos, do mundo natural e social, das relações dos seres humanos entre si e com a natureza.* (Brasil, 2018a, p. 58)

Desse modo, o ensino das ciências biológicas e dos demais componentes curriculares das ciências da natureza tem como característica principal o fato de possibilitar ao estudante a aquisição de conhecimentos que lhe darão a oportunidade de participar dos desafios do cotidiano como um cidadão crítico e ativo.

Em uma sociedade dominada pela ciência e pela tecnologia, muitas são as informações que chegam até nossos estudantes diariamente, seja via internet, seja pelos mais diversos meios de comunicação. Esse acesso diário ao conhecimento acaba implicando que o ambiente educacional também deve buscar se atualizar para acompanhar a grande demanda de informações.

Percebe-se que muitos estudantes não conseguem interpretar as informações que recebem e aplicá-las em seu cotidiano. Nesse sentido, "o que a escola pode fazer é formar os alunos para que possam ter acesso a ela [à informação] e dar-lhe sentido, proporcionando capacidades de aprendizagem que permitam uma assimilação crítica da informação" (Pozo; Crespo, 2009, p. 24).

De fato, o estudante precisa interpretar as informações recebidas e produzir argumentos em face das situações de desafios de seu cotidiano, de forma mais reflexiva e participativa. Dessa maneira, torna-se necessário que os conteúdos da área das ciências da natureza não sejam repassados como mera repetição de informações, mas que sejam ensinados de forma contextualizada para dar significados à aprendizagem dos estudantes.

Cabe ressaltar que os conteúdos ministrados adquirem significância quando o estudante os compreende por meio da relação com os conhecimentos que já tem.

Tendo isso em vista, na sequência, vamos verificar como ocorre a aquisição de conhecimentos do senso comum e dos conceitos por ele produzidos.

1.2 CONHECIMENTOS DO SENSO COMUM E FORMAÇÃO DE CONCEITOS

Ao longo do tempo, o homem buscou respostas para tentar entender a si mesmo e para explicar a realidade que o cerca, acumulando diversos saberes que lhe permitiram atuar nas mais diversas áreas.

Os diferentes saberes acumulados e todas as formas de representação encontradas pelo homem para explicar a realidade, entender a si mesmo e interpretar o mundo ao seu redor recebem o nome de *conhecimento*. Certamente, o homem, ao longo da vida, foi adquirindo saberes necessários à sua sobrevivência, o que o tornou capaz de interpretar suas observações e de questioná-las.

Pelo conhecimento adquirido e construído ao longo do tempo, o homem, movido por suas necessidades pessoais, criou um modo de buscar a veracidade, o significado e a função das coisas, bem como de prever situações. Nessa busca, o saber foi se manifestando e, por conseguinte, o conhecimento foi sendo produzido.

Nessa perspectiva, Oliveira Netto (2006, p. 3) considera o conhecimento o "acúmulo de informações de cunho intelectual, como o domínio (teórico ou prático) acerca de um assunto, científico ou não". Esse acúmulo de informações citado pelo autor, denominado de *conhecimento*, nasce das observações e das interpretações que fazemos de nossas experiências cotidianas e nos permite construir conceitos que nos levam a compreender a realidade.

> **Pare e pense**
> Você sabe qual é a forma mais usual do conhecimento humano?

Com base no que foi exposto até aqui, podemos dizer que a forma mais usual do conhecimento humano é o conhecimento não científico, que emerge das vivências do dia a dia, adquirido no trato direto com as experiências e baseado no senso comum.

> **Pare e pense**
> Mas o que é o senso comum?

O senso comum é o conhecimento adquirido por meio das experiências vividas e com o qual o indivíduo busca explicar e resolver situações que ocorrem no meio que o cerca. Apesar de não ser fundamentado em nenhum saber filosófico ou científico, passa de geração para geração, sendo compartilhado por pessoas comuns, não especialistas em determinados assuntos.

O senso comum se estabelece por um conjunto de informações repassadas como conhecimentos, os quais se caracterizam pela ausência de fundamentação sistemática, mas orientam a vida cotidiana das pessoas ao serem tomados como verdadeiros e definitivos (Cotrim, 2002).

Com o passar do tempo, esse conjunto de informações vai sendo (re)elaborado, seja por meio das informações advindas dos diversos meios de comunicação e dos relacionamentos interpessoais, seja pela leitura de livros e de artigos variados, dando origem a uma nova linguagem que possibilitará ao indivíduo interagir com os seus semelhantes e explicar satisfatoriamente os fenômenos observados.

> **Pare e pense**
>
> Será que somente o conhecimento do senso comum está relacionado com os fatos do cotidiano?

É importante você saber que tanto o conhecimento do senso comum quanto o conhecimento científico estão relacionados com fatos do cotidiano, porém, em razão das diferenças quanto ao modo de explicação, os conceitos formulados por essas duas formas de conhecimento para um mesmo fenômeno também são diferentes.

Os conceitos formulados com base em experiências cotidianas são chamados de **conceitos espontâneos** e são formados por meio dos resultados obtidos nas experiências vivenciadas pelo indivíduo e nas relações diretas com os fatos que levam ao entendimento imediato e provisório dos fenômenos que ocorrem em seu meio na ausência do ensino sistemático.

Os conceitos formulados com base nos ensinamentos escolares são chamados de *conceitos científicos* e são transmitidos pelos professores, tendo em vista que são comprovados cientificamente.

Embora esses conceitos sejam considerados formulações abstratas do conhecimento, eles podem ser inseridos na vida escolar do estudante por meio de atividades experimentais, que permitirão a observação, a descrição e a interpretação dos dados referentes a determinado fenômeno que está sendo analisado.

Assim, podemos afirmar que os conceitos espontâneos e os científicos são complementares, sendo importante que o estudante compreenda a formação dos conceitos com base em fatos concretos, por meio do conhecimento do cotidiano, pois os conceitos assim formados dão subsídios para a construção dos conceitos científicos.

> **Pare e pense**
> E como deve ser a prática pedagógica do professor para que os estudantes compreendam os conceitos?

Cabe ao professor promover novas estratégias que façam o estudante relacionar os conceitos do cotidiano com o conteúdo que está sendo ensinado em sala de aula, pois, de outro modo, estes se tornam um obstáculo para a compreensão dos conceitos científicos.

Esses obstáculos, muitas vezes, surgem em decorrência da dificuldade de o estudante memorizar fórmulas, nomes e modelos explicativos da ciência – próprios do ensino das ciências biológicas e dos demais componentes curriculares das ciências da natureza – e aplicá-los corretamente.

Pozo e Crespo (2009, p. 82) esclarecem que "uma pessoa adquire um conceito quando é capaz de dotar de significado um material ou uma informação que lhe é apresentada".

Nesse contexto, para que a prática pedagógica seja mais adequada à formação de conceitos científicos, dotando de significados as informações recebidas, Nébias (1999, p. 139) apresenta as seguintes sugestões:

- *As ideias que o aluno traz para a escola são necessárias para a construção de significados. Suas experiências culturais e familiares não podem ser negadas. Essas ideias devem ser aceitas para, progressivamente, evoluírem, serem substituídas ou transformadas.*

- *A resistência para substituir alguns conceitos só é superada se o conceito científico trouxer maior satisfação, for significativo, fizer sentido e for útil.*

- *Os conceitos científicos com maior grau de aplicabilidade, que explicam um maior número de* situações e resolvem um maior número de problemas, facilitam a mudança.

[...]

- Resolver problemas com um plano de atividades cognitivas deve ser estimulado, uma vez que a simples nomeação das características essenciais e a repetição de definições não garantem a formação do conceito. Deve-se estimular o aluno a considerar soluções alternativas para um mesmo problema.

- Deve-se possibilitar ao aluno retomar seu processo de trabalho, explicando suas ideias e analisando a evolução das mesmas.

- No processo de formação de conceitos, é desejável desenvolver ações de inclusão – estabelecer se um dado objeto refere-se ao conceito indicado – e de dedução – reconhecer as características necessárias ou suficientes para incluir ou não os objetos em um conceito dado.

- Nem todo conceito é passível de experimentação, daí o valor de meios variados: filmes, explorações de campo etc.

Sabe-se que, ao iniciar sua vida escolar, o estudante traz consigo conceitos espontâneos, isto é, concepções prévias adquiridas de suas experiências cotidianas, podendo-se dizer que ele já tem conhecimentos próprios relacionados às ideias que serão ensinadas em sala de aula.

Nesse processo, para que novos conhecimentos sejam adquiridos, o conhecimento prévio do estudante precisa ser considerado, visto que, para Moreira (2015, p. 225), "o conhecimento prévio é, isoladamente, a variável que mais influencia a aprendizagem".

Assim, quando ocorre a interação entre os conhecimentos já preexistentes e os novos, considera-se a aprendizagem como sendo significativa, ou seja, os novos conceitos adquirem sentido para o estudante.

Nas palavras de Pozo e Crespo (2009, p. 86), "para que haja aprendizado significativo é necessário que o aprendiz possa relacionar o material de aprendizagem com a estrutura de conhecimentos de que já dispõe".

Esses autores ainda apontam que "o objetivo do aprendizado significativo é que, na interação entre os materiais de aprendizagem (o texto, a explicação, a experiência etc.) e os conhecimentos prévios ativados para dar-lhe sentido, esses conhecimentos prévios sejam modificados, fazendo surgir um novo conhecimento" (Pozo; Crespo, 2009, p. 87).

Ao reconhecer o ambiente escolar como um espaço de produção de conceitos e de socialização de conhecimentos e informações, sobretudo nas concepções da aprendizagem, constata-se que

> *os alunos/as aprendem e assimilam teorias, disposições e condutas não apenas como consequência da transmissão e intercâmbio de ideias e conhecimentos explícitos no currículo oficial, mas também e principalmente como consequência das interações sociais de todo tipo na escola ou na aula.* (Sacristán; Pérez Gómez, 1998, p. 17)

Nesse caso, a interação social que ocorre nesses espaços requer não só o desenvolvimento de habilidades, atitudes e teorias para a atribuição de significados aos conceitos aprendidos, mas também o desenvolvimento intelectual, físico, afetivo, ético e social para auxiliar na formação integral do estudante.

É importante sinalizar que o desenvolvimento de habilidades e atitudes do estudante vai ajudá-lo diante de diversas situações de aprendizagens que levam à construção do conhecimento.

Com efeito, a aprendizagem das ciências da natureza deve valorizar a aplicação desse conhecimento nas várias esferas da vida humana, "favorecendo o protagonismo dos estudantes no enfrentamento de questões sobre consumo, energia, segurança, ambiente, saúde, entre outras" (Brasil, 2018, p. 549).

Diante disso, entendemos que as ciências biológicas e demais componentes curriculares das ciências naturais devem capacitar e preparar o estudante para a utilização dos conceitos científicos em sua vida cotidiana, de modo que possa aplicá-los em diversas situações, auxiliando, por exemplo, na compreensão:

> do funcionamento de aparelhos eletrodomésticos;

> do funcionamento do corpo humano;

> das reações químicas que ocorrem na decomposição dos alimentos;

> da necessidade de se fazer a reciclagem e do reaproveitamento de materiais;

> dos fatores que influenciam a velocidade das reações químicas;

> dos mecanismos que prescrevem a codificação genética;

> da importância da biodiversidade;

> da forma de interpretar os rótulos dos alimentos;

> dos mecanismos que levam à formação dos radicais livres;

> dos meios de obtenção de fontes de energia;

> das transformações que ocorrem com a energia;

> dos processos que ocorrem com trocas de calor;

> da natureza ondulatória e quântica da luz;

> do modo como ocorre a transformação dos alimentos dentro do organismo humano.

Pelo exposto até aqui, você pôde perceber que os conhecimentos adquiridos por meio dos ensinamentos dessa área do conhecimento devem oportunizar que o estudante utilize os conceitos científicos no entendimento de questões e na resolução de problemas de seu cotidiano.

1.3 INICIAÇÃO AO CONHECIMENTO CIENTÍFICO

Com o intuito de justificar as transformações que ocorrem no mundo, o homem tentou elaborar um conhecimento sobre o qual pudesse ter o domínio.

De acordo com Fachin (2005, p. 7), de modo geral, o progresso científico

> *é produto da atividade humana, por meio da qual o homem, compreendendo o que o cerca, passa a desenvolver novas descobertas. E, por relacionar-se com o mundo de diferentes formas de vida, ele utiliza-se de diversos meios de conhecimentos, por intermédio*

dos quais evolui e faz evoluir o meio em que vive, trazendo contribuições para a sociedade.

Tal constatação nos remete à verificação da existência de mais de uma forma de conhecimento, compreendendo que os tipos de conhecimento se diferenciam de acordo com o método pelo qual ele é obtido.

Logo, o conhecimento humano pode resultar das interpretações embasadas em concepções religiosas, filosóficas, científicas ou do senso comum e, embora essas concepções envolvam modos diferentes de explicar os fatos, elas se complementam.

Considerando-se que um mesmo tema pode ser explicado sob o olhar dessas quatro formas de conhecimento, nessa relação de complementaridade, questões referentes a temas como o fogo, os alimentos e a música, por exemplo, podem ser analisadas e esclarecidas pelo conhecimento religioso, pelo conhecimento filosófico, pelo conhecimento científico e pelo senso comum.

Contudo, quando falamos em conhecimento científico, faz-se necessário relacioná-lo a outras formas de conhecimento, bem como diferenciá-lo destas quanto às suas diversas interpretações acerca de um mesmo fenômeno.

Tais diferenças podem ser verificadas no Quadro 1.1, o qual apresenta as principais características que diferenciam o conhecimento científico das outras formas de conhecimento existentes.

Quadro 1.1 – Principais características que diferenciam os tipos de conhecimento

Tipos de conhecimento	Descrição
Conhecimento científico	A ciência delimita o seu objeto de estudo ao se especializar em assuntos específicos.
Conhecimento filosófico	Aborda os mesmos pontos de estudos apropriados pela ciência; contudo, a filosofia, com a sua visão de conjunto, considera o seu objeto sob o ponto de vista da totalidade.
Conhecimento do senso comum	É fundamentado em experiências adquiridas do cotidiano do homem.
Conhecimento religioso	É fruto da crença religiosa, em que não se confirma nem se nega o que foi revelado por ele, baseando-se no que está escrito nos textos sagrados.

Fonte: Armstrong, 2008, p. 49.

Com base nesse quadro, é possível compreender que existem diferenças metodológicas entre os tipos de conhecimento. Assim, dependendo da forma como é analisado, um mesmo objeto pode ser passível de estudo tanto no âmbito do conhecimento científico quanto no âmbito dos conhecimentos filosófico, religioso e do senso comum.

Nesse mesmo sentido, Marconi e Lakatos (2022) corroboram que, no processo de apreensão da realidade do objeto, o sujeito que busca o conhecimento pode adentrar nas diversas áreas do conhecimento. Assim,

> *ao estudar o homem, por exemplo, pode-se tirar uma série de conclusões sobre sua atuação na sociedade, baseada no senso comum ou na experiência cotidiana; pode-se analisá-lo como um ser biológico, verificando, com base na investigação experimental, as relações existentes entre determinados órgãos e suas funções; pode-se questioná-los quanto a sua origem e destino, assim como quanto a sua liberdade; finalmente, pode-se observá-lo como ser criado pela divindade, a sua imagem e semelhança, e meditar sobre o que dele dizem os textos sagrados.* (Marconi; Lakatos, 2022, p. 7)

Compreender o mundo e interpretar a natureza sempre foram os objetivos almejados pela ciência e, com esse propósito, surgiu o conhecimento científico, cuja evolução aconteceu baseada nas ideias advindas do senso comum.

O conhecimento científico e o conhecimento do senso comum (também denominado *conhecimento vulgar*, *popular* ou *comum*) sempre estiveram interligados e, por isso, de certa forma se complementam. Entretanto, o modo como o conhecimento é obtido e organizado e os métodos e instrumentos utilizados na construção de cada um deles são fatores essenciais na diferenciação entre ambos.

Cabe ressaltar que, embora existam diferenças no modo de construir essas duas formas de conhecimento, dificilmente o senso comum poderá ser desvinculado do conhecimento científico, pois uma única forma de conhecimento talvez não seja suficiente para explicar todos os fatos.

Nesse processo de construção do conhecimento, segundo Armstrong (2008), é necessário entender que o conhecimento científico não se constitui no saber que pode explicar todas as coisas, pois as teorias investigadas pela ciência nascem no dia a dia (senso comum) e, a partir daí, tornam-se científicas, ao deixarem de se basear nessas explicações cotidianas.

Simplificando

Desse modo, você pode perceber que essas duas formas de conhecimento estão relacionadas com fatos do cotidiano e que o conhecimento científico se distingue do conhecimento comum no que se refere à metodologia aplicada, e não propriamente ao conteúdo investigado, visto que o conhecimento comum é obtido sem, necessariamente, seguir métodos e técnicas específicos para justificar sua teoria, ao contrário do que ocorre na construção do conhecimento científico.

De acordo com os esclarecimentos de Delizoicov, Angotti e Pernambuco (2009, p. 126-127),

> *os conhecimentos científicos fazem-se presentes no cotidiano, tanto por intermédio dos objetos e processos tecnológicos que permeiam as diferentes esferas da vida contemporânea quanto pelas formas de explicação científica, com a disseminação de sua terminologia e a divulgação fragmentada de seus resultados e modelos explicativos, usados para validar ou questionar decisões políticas, econômicas e, muitas vezes, até "estilos de vida".*

Os conhecimentos científicos estão relacionados diretamente com a tecnologia, a sociedade e o meio ambiente. No ensino dos conhecimentos científicos nas áreas das ciências (Química, Biologia e Física), é importante abordar os aspectos sociais, culturais, ambientais, políticos, éticos e econômicos pertinentes. A linguagem simbólica e representacional e especificidades curriculares devem ser levadas em consideração no planejamento.

A divulgação científica deve ser ampla e acessível a diversos públicos, para que tenham acesso à informação, desenvolvam o pensamento reflexivo e crítico e saibam se posicionar em seu dia a dia.

Pare e pense
Mas a ciência é capaz de explicar todos os fenômenos ocorridos?

Entendemos que a ciência não explica todos os fenômenos observados; porém, ela busca atender às necessidades humanas por meio de procedimentos investigativos e aplicar os conhecimentos obtidos na resolução de problemas causados por tais fatos.

É sabido que, por não dispor de um método estabelecido como definitivo para a explicação decisiva dos fenômenos observados, a ciência está constantemente em transformação. Já o conhecimento do senso comum é, muitas vezes, repassado como verdadeiro, pois parte da observação de fatos e fenômenos do dia a dia.

Em decorrência disso, as teorias formuladas pela ciência não se tornam imutáveis. Entretanto, o mesmo não ocorre com o conhecimento do senso comum, pois as explicações formuladas nesse âmbito podem ser emitidas como verdadeiras e definitivas.

A busca por explicações baseadas em hipóteses e observações é um aspecto metodológico desenvolvido para o acesso ao conhecimento científico, considerando-se que tais elementos são fatores essenciais, visto que é na observação e na constatação de fatos que o conhecimento científico se manifesta.

Assim como para os demais componentes das ciências da natureza, no que se refere ao ensino das ciências biológicas, é importante que o estudante compreenda o que é o conhecimento científico, como ele se desenvolve e quais são suas principais características, bem como entenda que não é algo pronto e acabado, indiscutível e imutável.

Em geral, boa parte dos professores mantém a forma tradicionalista de ensinar os conteúdos das ciências da natureza, cuja aprendizagem acontece por meio de mero repasse de informações e saberes, com aulas expositivas e com técnicas de perguntas e respostas, sem que o estudante tenha o entendimento do que é, como surgiu e para que serve o conhecimento científico.

Nessa prática tradicional de ensino, o estudante é o sujeito passivo do processo, constituindo-se naquele que só recebe a informação, a memoriza e repete o que lhe foi transmitido, não se buscando garantir que ele se desenvolva como um indivíduo crítico e participativo em seu processo de aprendizagem.

Já a ciência moderna evidencia o estudante como o centro do processo de construção do conhecimento, pois, de acordo com Abrantes e Martins (2007), os pressupostos pedagógicos que norteiam a prática educativa escolar cada vez mais têm assegurado o papel do sujeito (nesse caso, o estudante) nesse processo.

Com uma participação ativa e como agente de sua aprendizagem, muitas habilidades do estudante são desenvolvidas. Ele passa a ter autonomia, busca conhecimentos, desenvolve conceitos, interage mais nas aulas e aprimora seu pensamento crítico, favorecendo seu desenvolvimento cognitivo.

Na visão de Haydt (2006, p. 61), "quando o professor concebe o aluno como um ser ativo, que formula ideias, desenvolve conceitos e resolve problemas de vida prática através de sua atividade mental, construindo, assim, seu próprio conhecimento, sua relação pedagógica muda", ou seja, já não é mais uma relação em que o professor transmite conteúdos prontos a um aluno que apenas os memoriza.

Todavia, o professor, como o mediador desse processo, deve valorizar e entender as concepções e as interpretações prévias do estudante sobre determinado fenômeno, para que, dessa forma, o conhecimento possa ser adquirido.

Nesse contexto, cabe atentar para a importância de que professor e estudante façam juntos esse caminho que leva à construção do conhecimento científico, em uma construção coletiva em que cada um aprenderá com o outro, já que buscam alcançar os mesmos objetivos.

Assim, nesse processo de construção coletiva do conhecimento, não ocorre a destruição das concepções prévias do estudante, e sim o desenvolvimento de um ensino que vai promover a evolução de suas ideias.

Embora haja uma busca por mudanças na prática educacional, boa parte dos professores ainda mantém a maneira tradicional de ensinar, em que a aprendizagem ocorre por transmissão de conteúdos, sem fazer a contextualização dos saberes científicos em face dos saberes adquiridos no cotidiano.

SÍNTESE

Neste capítulo, tratamos dos fundamentos que caracterizam a ciência como um conhecimento que se destaca diante de outras formas de conhecimento e vimos como esta é classificada, enfatizando a importância da área das ciências da natureza e seus componentes curriculares, no contexto da BNCC.

Destacamos que a ciência se apoia em fatos observáveis e concretos e que a experimentação é o principal meio de se chegar aos seus resultados. Porém, por não apresentar uma explicação definitiva para os fatos observados em seu meio, está constantemente se completando e se aperfeiçoando.

Abordamos as discussões sobre a construção do conhecimento científico, o qual teve e tem como base exemplos extraídos do conhecimento do senso comum, ressaltando que esse conhecimento é apenas uma das formas de interpretar a realidade, sendo importante que, no ensino das ciências da natureza, o estudante entenda em que consiste o conhecimento científico, como ele se desenvolve e quais são suas principais características.

Discutimos que, quando o estudante inicia sua vida escolar, já traz consigo conceitos espontâneos adquiridos de suas experiências cotidianas, os quais podem tornar-se um obstáculo para a compreensão dos conceitos científicos.

Vimos ainda que a ciência moderna evidencia o estudante como o centro do processo de construção do conhecimento. Nesse contexto, o ensino das ciências biológicas e dos demais componentes curriculares das ciências naturais deve possibilitar ao estudante a utilização dos conceitos científicos no entendimento dos processos que ocorrem no meio em que vive, bem como subsidiá-lo na aplicação desses conceitos nas soluções de seus problemas cotidianos.

INDICAÇÕES CULTURAIS

FILME

CONTÁGIO. Direção: Steven Soderbergh. EUA, 2011. 106 min.

Contágio é considerado um filme bem atual por apresentar muitos aspectos que se assemelham com a pandemia de covid-19, tais como o potencial de propagação do vírus, a espera pela vacina, o fechamento de escolas e comércios, a falta de álcool em gel e as medidas de proteção, como o uso obrigatório de máscaras e o distanciamento social.

O filme retrata a trajetória de um vírus altamente transmissível que se espalha pelo ar com muita rapidez, contagiando muitas pessoas em dezenas de países, a ponto de caracterizar uma pandemia. As pessoas contagiadas morrem em pouco tempo por não haver uma vacina que lhes traga a cura. Enquanto a comunidade científica e sanitária se mobiliza para combater a nova doença, a população entra em pânico e luta para sobreviver.

LIVROS

CHALMERS, A. A fabricação da ciência. São Paulo: Ed. da Unesp, 2004.

Nesse livro, o autor faz um minucioso exame crítico sobre a ciência e seus métodos e a produção e a rejeição dos resultados experimentais. Discorre ainda sobre a dimensão social e política da ciência e seus aspectos mais importantes.

CHASSOT, A. A ciência através dos tempos. 2. ed. São Paulo: Moderna, 2004.

Esse livro apresenta um panorama geral da evolução da ciência no decorrer dos tempos, desde a Pré-História até os dias atuais, destacando a grande contribuição de célebres filósofos na área científica.

ATIVIDADES DE AUTOAVALIAÇÃO

[1] O estímulo ao pensamento criativo, lógico e crítico por meio do fortalecimento da capacidade de fazer perguntas e de avaliar respostas, de argumentar e de interagir é destacado na BNCC (Brasil, 2018a). Nesse sentido, pode-se afirmar que a realização de atividades com caráter investigativo visa:

[A] disseminar as informações que chegam via internet e meios de comunicação e reconhecer o ambiente escolar como um espaço de socialização de conhecimentos e de metodologias de ensino tradicionais.

[B] demonstrar que a ciência não é capaz de explicar os fenômenos que ocorrem ao nosso redor, mas é uma forma de conhecimento que pode ser utilizada para a previsão de tais fenômenos.

[C] despertar o interesse e o senso crítico do estudante, estimular a curiosidade, a autonomia e a formulação de perguntas, além de favorecer a socialização e a construção de conceitos científicos.

[D] confirmar que as teorias formuladas pela ciência são verdadeiras, definitivas e imutáveis, por meio de um conjunto de conhecimentos e habilidades centradas na participação ativa do estudante.

[2] Complete a lacuna do texto a seguir com a palavra apropriada e assinale a alternativa correta:

No documento da BNCC (Brasil, 2018a), o termo _____ é definido como a mobilização de conhecimentos (conceitos e procedimentos), habilidades (práticas, cognitivas e socioemocionais), atitudes e valores para resolver demandas complexas da vida cotidiana, do pleno exercício da cidadania e do mundo do trabalho.

[A] Habilidades.
[B] Direito de aprendizagem.
[C] Currículo.
[D] Competência.

[3] Os conceitos espontâneos dizem respeito às relações diretas com fatos e fenômenos, uma vez que são formados a partir de resultados obtidos em experiências do cotidiano. No entanto, esses conceitos podem se constituir em obstáculos para que o estudante adquira um novo conhecimento. Para que isso não ocorra, o estudante deve:

[I] relacionar os conceitos do cotidiano com o conteúdo que está sendo ensinado em sala de aula.
[II] memorizar fórmulas, nomes e modelos explicativos próprios das ciências biológicas e demais componentes curriculares das ciências da natureza.

[III] contextualizar os conceitos do senso comum em face dos conceitos científicos.

[IV] tornar-se um sujeito questionador, criativo, crítico e que aceita o conhecimento como algo pronto e acabado.

Estão corretas as afirmativas:
[A] I e II.
[B] I e III.
[C] II e IV.
[D] III e IV.

[4] O conhecimento científico e o conhecimento do senso comum sempre estiveram interligados e, por isso, de certa forma se complementam. Entre os fatores considerados essenciais na diferenciação dessas duas formas de conhecimento, podemos citar:

[A] o fato de o conhecimento científico considerar seu objeto de estudo sob o ponto de vista da totalidade.

[B] o conteúdo investigado e a explicação decisiva dos fenômenos observados.

[C] o fato de o conhecimento científico ser obtido sem seguir métodos e técnicas específicas para justificar sua teoria.

[D] o modo como o conhecimento é obtido e organizado, além dos métodos e dos instrumentos utilizados na construção de cada de conhecimento.

[5] No que se refere ao ensino das ciências da natureza, assinale V para as afirmativas verdadeiras e F para as falsas:

[ ] Volta-se para o estudo da natureza e suas transformações, assim como para o avanço científico e tecnológico.

[ ] Os conteúdos dessa área do conhecimento devem ser repassados como mera repetição de informações para dar significado à aprendizagem dos estudantes.

[ ] Os componentes curriculares dessa área do conhecimento utilizam os mesmos métodos e se apropriam de linguagem e simbologias iguais para explicar determinado fenômeno.

[ ] Tem como característica principal o fato de possibilitar ao estudante a aquisição de conhecimentos que lhe darão a oportunidade de participar dos desafios do cotidiano como um cidadão crítico e ativo.

Agora, marque a sequência correta:

[A] V, F, F, V.
[B] F, V, F, V.
[C] F, F, V, F.
[D] V, F, V, F.

ATIVIDADES DE APRENDIZAGEM

QUESTÕES PARA REFLEXÃO

[1] Ao reconhecer o ambiente escolar como um espaço de produção de conceitos e socialização de informações, sobretudo nas concepções da aprendizagem, constata-se, segundo Pozo e Crespo (2009, p. 82), que "uma pessoa adquire um conceito quando é capaz de dotar de significado um material ou uma informação que lhe é apresentada".

Com base no que foi visto neste capítulo, organize uma discussão com seu grupo de estudos sobre a seguinte questão: Quais são as condições adequadas para que ocorra a aprendizagem significativa?

[2] Como citamos neste capítulo, o ensino de ciências naturais deve capacitar o aluno para que ele utilize os conceitos científicos em sua vida cotidiana, de modo que possa aplicá-los nas mais diversas situações. Com base nisso, faça uma pesquisa sobre as principais descobertas realizadas na área das ciências da natureza, com ênfase nas ciências biológicas, indicando cinco descobertas que contribuíram para o desenvolvimento dessa área do conhecimento.

ATIVIDADE APLICADA: PRÁTICA

[1] Organize um quadro comparativo entre o conhecimento comum e o conhecimento científico e apresente suas críticas a respeito de cada uma dessas formas de conhecimento.

dois....

As ciências da natureza na educação infantil

Diane Lucia de Paula Armstrong Fernandes

No capítulo anterior, abordamos os fundamentos da ciência e vimos que as ciências naturais se constituem na área do conhecimento que estuda os objetos e os fenômenos da natureza por meio de pesquisas e procedimentos experimentais e também como se dá a construção do conhecimento científico em sala de aula.

Neste capítulo, vamos tratar dos fundamentos e das principais características da educação infantil, destacando a importância das interações e das brincadeiras no ambiente escolar para que a criança possa aprender e adquirir conhecimentos indispensáveis para o seu desenvolvimento.

Apresentaremos a organização curricular proposta pela Base Nacional Comum Curricular (BNCC) para a modalidade da educação infantil, analisando o documento no que se refere aos direitos de aprendizagem e ao desenvolvimento da criança.

Trataremos dos cinco campos de experiências que estruturam a organização curricular da educação infantil, bem como dos objetivos de aprendizagem e desenvolvimento, os quais possibilitam que as crianças construam conhecimentos para aprender e se desenvolver considerando seus saberes e experiências cotidianas.

Destacaremos as contribuições das ciências da natureza para a educação infantil e sua importância para a criança compreender o mundo em que vive, fazer observações, construir conhecimentos, desenvolver sua autonomia e interagir com as pessoas ao seu redor.

Por fim, apresentaremos os encaminhamentos metodológicos que favoreçem o aprendizado e a construção do conhecimento científico na educação infantil.

2.1 FUNDAMENTOS DA EDUCAÇÃO INFANTIL

A criança aprende desde as experiências que vivencia em casa, sendo esta sua primeira escola, na qual os valores e os conhecimentos adquiridos permitem que ela possa interagir com o outro, ampliar seus saberes e se reconhecer como sujeito ativo na construção de sua identidade pessoal.

Nas Diretrizes Curriculares Nacionais para Educação Infantil, a criança é assim definida:

Sujeito histórico e de direitos que, nas interações, relações e práticas cotidianas que vivencia, constrói sua identidade pessoal e coletiva, brinca, imagina, fantasia, deseja, aprende, observa, experimenta, narra, questiona e constrói sentidos sobre a natureza e a sociedade, produzindo cultura. (Brasil, 2010b, p. 12)

A relação da criança com seu mundo social a faz vivenciar muitas situações e aprender valores que vão contribuir para a formação de sua personalidade e seu desenvolvimento, de modo a poder conquistar seu espaço.

Ao ingressar na escola, além dos novos conhecimentos, a criança passa a adquirir valores éticos, sociais e morais, que lhe possibilitarão participar ativamente de situações do cotidiano e exercer sua cidadania.

A educação infantil, como primeira etapa de ensino da educação básica, deve colaborar para a construção do conhecimento, assim como para o desenvolvimento da personalidade e dos valores socioemocionais da criança.

Conforme a Base Nacional Comum Curricular (BNCC), "a entrada na creche ou na pré-escola significa, na maioria das vezes, a primeira separação das crianças dos seus vínculos afetivos familiares para se incorporarem a uma situação de socialização estruturada" (Brasil, 2018a, p. 36), sendo esse um processo essencial para a formação de valores e para o desenvolvimento cognitivo da criança, período em que muitas aprendizagens são construídas.

> Na educação infantil a criança tem a oportunidade de conviver com outras pessoas fora de seu ambiente familiar, de construir valores e de desenvolver sua autonomia para enfrentar os problemas do dia a dia. Com efeito, ao ser inserida no espaço escolar, a criança encontra um ambiente favorável para realizar novas descobertas e adquirir conhecimentos que vão complementar o que ela vivencia em seu cotidiano.

Assim, a educação infantil, cujo propósito é o desenvolvimento integral da criança, configura-se como uma etapa importante para a aprendizagem de crianças que estão na faixa etária de 0 a 5 anos de idade.

De acordo com a BNCC (Brasil, 2018a), a etapa da educação infantil está organizada em **três grupos por faixa etária**, em que se classificam as crianças como bebês, crianças bem pequenas e crianças pequenas, conforme o Quadro 2.1.

QUADRO 2.1 – EDUCAÇÃO INFANTIL – CLASSIFICAÇÃO POR FAIXA ETÁRIA

GRUPOS	FAIXA ETÁRIA
Bebês	0 a 1 ano e 6 meses
Crianças bem pequenas	1 ano e 7 meses a 3 anos e 11 meses
Crianças pequenas	4 anos a 5 anos e 11 meses

Fonte: Elaborado com base em Brasil, 2018a.

No que se refere à formação da criança, na educação infantil as interações ocorrem de maneira rápida e intensa, pois é a fase das descobertas, quando a criança aprende a se socializar com o mundo externo, dividir o espaço com os demais, compartilhar objetos, seguir regras, partilhar conhecimentos adquiridos em seu cotidiano e desenvolver sua autonomia diante de diferentes situações.

No ambiente escolar, aprendizagens e conhecimentos da criança vão acontecendo e se ampliando mediante as ações de interação com seus pares, suscitando nela a busca pelo novo e a vontade de estar naquele meio e de adaptar-se a ele como um sujeito participativo e ativo no que se diz respeito à sua aprendizagem.

Uma vez que, naturalmente, as crianças já são comunicativas, curiosas e gostam de explorar e conhecer o ambiente em que se encontram, verifica-se a importância de elas estarem inseridas em um ambiente rico em estímulos para que seu desenvolvimento cognitivo e afetivo seja evidenciado.

Assim, nas escolas de educação infantil, os encaminhamentos pedagógicos devem ser elaborados de modo que o desenvolvimento e a aprendizagem da criança sejam assegurados. Conforme a recomendação das Diretrizes Curriculares Nacionais para Educação Infantil,

> *A proposta pedagógica das instituições de Educação Infantil deve ter como objetivo garantir à criança acesso a processos de apropriação, renovação e articulação de conhecimentos e aprendizagens de diferentes linguagens, assim como o direito à proteção, à saúde, à liberdade, à confiança, ao respeito, à dignidade, à brincadeira, à convivência e à interação com outras crianças.* (Brasil, 2010b, p. 18)

2.2 A EDUCAÇÃO INFANTIL NA BASE NACIONAL COMUM CURRICULAR (BNCC)

O documento da BNCC aponta a necessidade de uma organização curricular estruturada em ações pedagógicas que promovam o ensino e a aprendizagem nas instituições de educação infantil, levando-se em conta as especificidades dessa etapa educacional.

Em concordância com as Diretrizes Curriculares Nacionais para Educação Infantil, a BNCC propõe que as **interações** e as **brincadeiras** sejam os eixos norteadores para organizar os encaminhamentos pedagógicos em creches e pré-escolas.

As interações e as brincadeiras são essenciais para atender às necessidades da criança e promover seu desenvolvimento cognitivo, afetivo e motor, uma vez que ela é atraída pelo lúdico, pela alegria de brincar, de interagir e de se socializar com o outro de forma divertida e criativa, o que contribui para a sua formação completa como ser humano.

Para assegurar uma formação humana integral que vise à construção de uma sociedade justa, democrática e inclusiva, a BNCC propõe que sejam desenvolvidas as **dez competências gerais para a educação básica** ao longo das etapas da educação infantil, do ensino fundamental e do ensino médio (Brasil, 2018a).

Na educação infantil, as competências gerais da BNCC se desenvolvem de modo integrado em **direitos de aprendizagem** e **campos de experiências**, pelos quais a construção do conhecimento da criança ocorre segundo os **objetivos de aprendizagem** estabelecidos para cada faixa etária (bebês, crianças bem pequenas e crianças pequenas).

Segundo as diretrizes da BNCC, são estabelecidos para a educação infantil **seis direitos de aprendizagem e**

desenvolvimento, os quais são trabalhados ao longo da creche e pré-escola.

Esses direitos de aprendizagem e desenvolvimento, apresentados no boxe a seguir, devem contribuir para que a criança possa aprender e se desenvolver, assim como construir e adquirir conhecimentos e participar ativamente de todo o processo de aprendizagem nessa fase inicial da educação básica.

As interações e as brincadeiras na educação infantil são fundamentais para que a criança se envolva e participe da aprendizagem sobre si mesmo, sobre o outro e sobre o mundo e se posicione como sujeito ativo no processo de construção de seu conhecimento.

Para tanto, conforme o documento da BNCC, os direitos de aprendizagem e desenvolvimento

> *asseguram, na Educação Infantil, as condições para que as crianças aprendam em situações nas quais possam desempenhar um papel ativo em ambientes que as convidem a vivenciar desafios e a sentirem-se provocadas a resolvê-los, nas quais possam construir significados sobre si, os outros e o mundo social e natural.* (Brasil, 2018a, p. 37)

DIREITOS DE APRENDIZAGEM E DESENVOLVIMENTO

> **Conviver** com outras crianças e adultos, em pequenos e grandes grupos, utilizando diferentes linguagens, ampliando o conhecimento de si e do outro, o respeito em relação à cultura e às diferenças entre as pessoas.
> **Brincar** cotidianamente de diversas formas, em diferentes espaços e tempos, com diferentes parceiros (crianças e adultos), ampliando e diversificando seu acesso a produções culturais, seus conhecimentos, sua imaginação, sua criatividade, suas experiências emocionais, corporais, sensoriais, expressivas, cognitivas, sociais e relacionais.
> **Participar** ativamente, com adultos e outras crianças, tanto do planejamento da gestão da escola e das atividades propostas pelo educador quanto da realização das atividades da vida cotidiana, tais como a escolha das brincadeiras, dos materiais e dos ambientes, desenvolvendo diferentes linguagens e elaborando conhecimentos, decidindo e se posicionando.
> **Explorar** movimentos, gestos, sons, formas, texturas, cores, palavras, emoções, transformações, relacionamentos, histórias, objetos, elementos da natureza, na escola e fora dela, ampliando seus saberes sobre a cultura, em suas diversas modalidades: as artes, a escrita, a ciência e a tecnologia.

> **Expressar**, como sujeito dialógico, criativo e sensível, suas necessidades, emoções, sentimentos, dúvidas, hipóteses, descobertas, opiniões, questionamentos, por meio de diferentes linguagens.

> **Conhecer-se** e construir sua identidade pessoal, social e cultural, constituindo uma imagem positiva de si e de seus grupos de pertencimento, nas diversas experiências de cuidados, interações, brincadeiras e linguagens vivenciadas na instituição escolar e em seu contexto familiar e comunitário.

Fonte: Brasil, 2018a, p. 38, grifo do original.

Por sua vez, o desenvolvimento dos direitos de aprendizagem se estrutura em **cinco campos de experiências**, que "constituem um arranjo curricular que acolhe as situações e as experiências concretas da vida cotidiana das crianças e seus saberes, entrelaçando-os aos conhecimentos que fazem parte do patrimônio cultural" (Brasil, 2018a, p. 40).

Por meio das interações e das brincadeiras, os campos de experiências que estruturam a organização curricular da educação infantil visam assegurar os direitos de bebês, de crianças bem pequenas e de crianças pequenas de conviver, brincar, participar, explorar, expressar-se e conhecer-se.

Nesse contexto, as práticas pedagógicas realizadas por campos de experiências possibilitam que as crianças construam conhecimentos para aprender e se desenvolver levando em conta seus saberes e experiências cotidianas.

A seguir, no Quadro 2.2, apresentamos, resumidamente, as características que definem os cinco campos de experiências que auxiliam na elaboração dos planos de aula dos professores da educação infantil. Nesse quadro, cada campo de experiência é representado da seguinte forma:

1. **EO** = O eu, o outro e o nós
2. **CG** = Corpo, gestos e movimentos
3. **TS** = Traços, sons, cores e formas
4. **EF** = Escuta, fala, pensamento e imaginação
5. **ET** = Espaços, tempos, quantidades, relações e transformações

QUADRO 2.2 – CAMPOS DE EXPERIÊNCIAS NA EDUCAÇÃO INFANTIL

CAMPOS DE EXPERIÊNCIAS	
1. **EO – O eu, o outro e o nós**	Na interação com os pares e com adultos, as crianças vão descobrindo que existem outros modos de vida, pessoas diferentes, com outros pontos de vista. Participam de relações sociais e de cuidados pessoais, constroem sua autonomia e senso de autocuidado, de reciprocidade e de interdependência com o meio.

(continua)

(Quadro 2.2 – conclusão)

2. CG – Corpo, gestos e movimentos	Por meio das diferentes linguagens, como a música, a dança, o teatro, as brincadeiras de faz de conta, as crianças se comunicam e se expressam no entrelaçamento entre corpo, emoção e linguagem. Com seus gestos e movimentos, identificam suas potencialidades e seus limites, desenvolvendo, ao mesmo tempo, a consciência sobre o que é seguro e o que pode ser um risco à sua integridade física.
3. TS – Traços, sons, cores e formas	As diferentes manifestações artísticas, culturais e científicas no cotidiano da instituição escolar possibilitam às crianças, por meio de experiências diversificadas, vivenciar diversas formas de expressão e linguagens, como as artes visuais, a música, o teatro, a dança e o audiovisual, entre outras.
4. EF – Escuta, fala, pensamento e imaginação	As primeiras formas de interação do bebê são os movimentos de seu corpo, o olhar, a postura corporal, o sorriso, o choro e outros recursos vocais. Progressivamente, as crianças vão ampliando e enriquecendo seu vocabulário e demais recursos de expressão e de compreensão, apropriando-se da língua materna – que se torna, pouco a pouco, seu veículo privilegiado de interação. As experiências com a literatura infantil, propostas pelo educador, mediador entre os textos e as crianças, contribuem para o desenvolvimento do gosto pela leitura, do estímulo à imaginação e da ampliação do conhecimento de mundo.
5. ET – Espaços, tempos, quantidades, relações e transformações	Desde muito pequenas, as crianças procuram se situar em diversos espaços e tempos e demonstram curiosidade sobre o mundo físico (seu próprio corpo, os fenômenos atmosféricos, os animais, as plantas, as transformações da natureza, os diferentes tipos de materiais e as possibilidades de sua manipulação etc.).

Fonte: Elaborado com base em Brasil, 2018a, p. 40-43.

Os cinco campos de experiências propostos na BNCC estão associados aos objetivos de aprendizagem e desenvolvimento, os quais se constituem nas aprendizagens essenciais que a criança deve desenvolver durante a educação infantil.

Os objetivos de aprendizagem e desenvolvimento a serem alcançados são específicos para cada grupo etário (bebês, crianças bem pequenas e crianças pequenas). Desse modo, tendo em vista as especificidades dos diferentes grupos etários e as diferenças de ritmo na aprendizagem e no desenvolvimento das crianças, os objetivos de aprendizagem e desenvolvimento "estão sequencialmente organizados em três grupos por faixa etária, que correspondem, aproximadamente, às possibilidades de aprendizagem e às características do desenvolvimento das crianças" (Brasil, 2018a, p. 44).

Para saber mais

Quer aprofundar seu conhecimento sobre os campos de experiências descritos na BNCC? Então, acesse o *link* a seguir e consulte as páginas 40-43.

BRASIL. Ministério da Educação. **Base Nacional Comum Curricular**: educação é a base. Brasília, 2018. Disponível em: <http://basenacionalcomum.mec.gov.br/images/BNCC_EI_EF_110518_versao final_site.pdf>. Acesso em: 15 jul. 2024.

Para que a organização em grupos por faixa etária seja mais bem entendida, apresentamos a seguir o exemplo utilizado na BNCC (Quadro 2.3), em que estão definidos objetivos de aprendizagem e desenvolvimento para cada grupo etário em relação ao campo de experiências "Traços, sons, cores e formas".

QUADRO 2.3 – CAMPO DE EXPERIÊNCIAS "TRAÇOS, SONS, CORES E FORMAS"

OBJETIVOS DE APRENDIZAGEM E DESENVOLVIMENTO		
Bebês [01] (zero a 1 ano e 6 meses)	Crianças bem pequenas [02] (1 ano e 7 meses a 3 anos e 11 meses)	Crianças pequenas [03] (4 anos a 5 anos e 11 meses)
(EI01TS01) Explorar sons produzidos com o próprio corpo e com objetos do ambiente.	**(EI02TS01)** Criar sons com materiais, objetos e instrumentos musicais, para acompanhar diversos ritmos de música.	**(EI03TS01)** Utilizar sons produzidos por materiais, objetos e instrumentos musicais durante brincadeiras de faz de conta, encenações, criações musicais, festas.

Fonte: Brasil, 2018a, p. 26.

Assim, observa-se pelo exemplo que, de acordo com a organização da BNCC, cada campo de experiências é disposto em um quadro dividido em três colunas, as quais correspondem a cada grupo etário e indicam os respectivos objetivos de aprendizagem e desenvolvimento.

Ainda, cada objetivo de aprendizagem e desenvolvimento é identificado por um código alfanumérico, criado para identificar as aprendizagens dessa etapa de ensino e constituído tal como explicado no exemplo a seguir (Brasil, 2018a):

Código alfanumérico: **EI02TS01**

Em que:

> - **EI**: etapa da educação infantil.
> - **02**: faixa etária em que a criança se enquadra. Nesse caso, crianças bem pequenas (de 1 ano e 7 meses a 3 anos e 11 meses).
> - **TS**: campo de experiências. Nesse caso, "Traços, sons, cores e formas".
> - **01**: número do objetivo de aprendizagem e desenvolvimento proposto no campo de experiências para cada grupo etário.

Desse modo, "o código **EI02TS01** refere-se ao primeiro objetivo de aprendizagem e desenvolvimento proposto no campo de experiências 'Traços, sons, cores e formas' para as crianças bem pequenas (de 1 ano e 7 meses a 3 anos e 11 meses)" (Brasil, 2018a, p. 26, grifo do original).

Para saber mais

Quer aprofundar seu conhecimento sobre os objetivos de aprendizagem e desenvolvimento dos campos de experiências descritos na BNCC? Então, acesse o *link* a seguir e consulte as páginas 45-52.

BRASIL. Ministério da Educação. **Base Nacional Comum Curricular**: educação é a base. Brasília, 2018. Disponível em: <http://basenacionalcomum.mec.gov.br/images/BNCC_EI_EF_110518_versao final_site.pdf>. Acesso em: 15 jul. 2024.

As crianças estão constantemente aprendendo e, na infância, essa aprendizagem é rápida e essencial para o seu desenvolvimento integral.

As aprendizagens advindas das vivências cotidianas do ambiente familiar e dos diferentes ambientes sociais dos quais a criança faz parte são a base para a sua formação pessoal, pois

o ser humano, sujeito de sua aprendizagem, nasce em um ambiente mediado por outros seres humanos, pela natureza e por artefatos materiais e sociais. Aprende nas relações com esse ambiente, construindo tanto linguagens quanto explicações e conceitos, que variam ao longo de sua vida, como resultado dos tipos de relações e de sua constituição orgânica. (Delizoicov; Angotti; Pernambuco, 2009, p. 130)

Em seu contexto familiar e social, a criança constrói vínculos afetivos e de confiança que despertam nela o desejo de aprender e conhecer, sobretudo por meio dos questionamentos que faz. A partir das respostas recebidas, ela se apropria de conhecimentos que vão auxiliá-la no entendimento dos fenômenos à sua volta, bem como na formação de conceitos necessários ao seu relacionamento com as pessoas de sua convivência.

Há um consenso de que os vínculos afetivos decorrentes do convívio social são benéficos e devem ser estimulados na educação infantil, visto que se configuram em "experiências nas quais as crianças podem construir e apropriar-se de conhecimentos por meio de suas ações e interações com seus pares e com os adultos, o que possibilita aprendizagens, desenvolvimento e socialização" (Brasil, 2018a, p. 37).

A socialização que se inicia na infância, na qual o processo de aprendizagem é mais intenso, contribui não só para o desenvolvimento cognitivo da criança, mas também para o modo de ela se relacionar com o outro, pois, de acordo com Delizoicov, Angotti e Pernambuco (2009, p. 122), "se a aprendizagem é resultado de ações de um sujeito, não é resultado de qualquer ação: ela só se constrói em uma interação entre esse sujeito e o meio circundante, natural e social".

Sabendo-se que, ao aprender, a criança se desenvolve e que sua aprendizagem resulta de suas interações com o meio natural e social, assim como de seus valores comportamentais, é importante que as práticas pedagógicas desenvolvidas na educação infantil colaborem para que as novas aprendizagens da criança sejam construídas levando-se em conta o conhecimento adquirido em suas vivências cotidianas. Nessa perspectiva,

> *as creches e pré-escolas, ao acolher as vivências e os conhecimentos construídos pelas crianças no ambiente da família e no contexto de sua comunidade, e articulá-los em suas propostas pedagógicas, têm o objetivo de ampliar o universo de experiências, conhecimentos e habilidades dessas crianças, diversificando e consolidando novas aprendizagens, atuando de maneira complementar à educação familiar – especialmente quando se trata da educação dos bebês e das crianças bem pequenas, que envolve aprendizagens muito próximas aos dois contextos (familiar e escolar), como a socialização, a autonomia e a comunicação.* (Brasil, 2018a, p. 36)

É necessário que a criança seja estimulada e desafiada para que a curiosidade, que é própria dessa fase, seja despertada e ela possa explorar com autonomia o ambiente em que se encontra, fazer suas descobertas, se comunicar e usar sua imaginação para compreender, dar sentido e significados àquilo que observa.

Consequentemente, ao fazer descobertas, a criança se torna protagonista de suas ações, faz experiências, observações e questionamentos, cria hipóteses e estabelece relações com os fatos de seu cotidiano, tendo em vista que tais ações se desenvolvem com o intuito de a criança se integrar ao seu meio, entender, explicar e solucionar os problemas que surgem à sua volta.

Ao se considerar que a escolarização infantil tem o compromisso com a formação integral da criança, que envolve o conhecimento sobre si mesma e sobre os fenômenos que ocorrem ao seu redor, faz-se o questionamento: O ensino das ciências naturais já deve ser iniciado na educação infantil?

> **Pare e pense**
> Qual é a importância do ensino das ciências naturais na educação infantil?

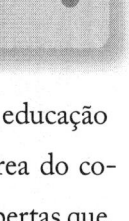

A importância do ensino das ciências naturais na educação infantil decorre do fato de que o acesso a essa área do conhecimento permitirá à criança fazer muitas descobertas que vão favorecer sua relação com a natureza e com o mundo ao seu redor e contribuir para a sua formação como cidadão participativo e questionador.

Dessa forma, podemos entender a relevância do ensino das ciências da natureza para a educação infantil, tendo em vista que "antes de iniciar sua vida escolar, as crianças já convivem com fenômenos, transformações e aparatos tecnológicos em seu dia a dia" (Brasil, 2018a, p. 331).

Assim, a concepção da criança como um ser "que observa, questiona, levanta hipóteses, conclui, faz julgamentos e assimila valores e que constrói conhecimentos e se apropria do conhecimento sistematizado por meio da ação e nas interações com o mundo físico e social" (Brasil, 2018a, p. 38), retratada na BNCC da educação infantil, configura-se como um conjunto de ações e procedimentos característicos do conhecimento científico.

Os conhecimentos das crianças começam a ser formulados desde muito cedo, pois, antes mesmos de entrarem na escola, elas "já se envolvem com uma série de objetos, materiais e fenômenos em sua vivência diária e na relação com o entorno" (Brasil, 2018a, p. 325).

> Esses conhecimentos prévios da criança devem ser valorizados e articulados com as propostas pedagógicas do professor, contribuindo para que a compreensão dos conceitos científicos se desenvolva de forma significativa.

Considerando-se que os encaminhamentos metodológicos estabelecidos na educação infantil estão centrados no desenvolvimento cognitivo da criança, a aprendizagem científica pode ocorrer por meio de experiências significativas, que a façam explorar e investigar situações do cotidiano de forma dinâmica e divertida.

Com efeito, a criança está em contínuo e gradativo desenvolvimento e, nessa etapa da escolarização, é fundamental que ela seja estimulada por meio de atividades lúdicas e experimentais que tenham caráter investigativo, de modo que seu interesse pelo aprendizado das ciências da natureza seja despertado.

Para a criança explorar o ambiente em seu entorno e realizar experiências que estimulem sua atitude científica, o professor de educação infantil deve direcionar suas práticas pedagógicas de forma criativa e desafiadora, pois a curiosidade, que é uma característica da criança, faz com que ela queira saber tudo o que está acontecendo ao seu redor.

Em razão disso, as atividades devem ser desenvolvidas para ativar ainda mais a curiosidade da criança, tendo em vista que a apropriação de conceitos científicos nessa fase da escolarização favorece a alfabetização científica, cujo propósito é que a criança possa fazer uso desse conhecimento para se posicionar diante de situações e atuar no mundo do qual faz parte.

> Ser alfabetizado cientificamente no ambiente de aprendizagem da educação infantil ampliará a visão da criança na na busca por compreender os fenômenos de seu cotidiano e no exercício de sua cidadania plena.

Assim, cabe ao professor planejar suas práticas pedagógicas oportunizando à criança o acesso ao conhecimento científico, para que sua capacidade de explorar e observar seja aperfeiçoada, de maneira que, na educação infantil, as crianças tenham "a oportunidade de explorar ambientes e fenômenos e também a relação com seu próprio corpo e bem-estar, em todos os campos de experiências" (Brasil, 2018a, p. 331).

Para tanto, nos diferentes espaços da escola, o professor pode realizar atividades experimentais a partir dos cinco campos de experiências, incluindo temas como espaço, tempo, quantidade, movimentos, transformações, imaginação, corpo, sons, formas e cores, sendo esse o ponto de partida para que a alfabetização científica das crianças seja desenvolvida.

Atualmente, a ciência e a tecnologia se fazem cada vez mais presentes no cotidiano dos pequenos, os quais demonstram ter facilidade no manuseio de aparelhos celulares, *tablets*, televisores, entre outros, o que possibilita que eles tenham acesso a uma infinidade de informações.

Por isso, a abordagem da relação existente entre a ciência, a tecnologia e a sociedade é necessária e importante para a educação infantil, tendo em vista que o futuro dessas crianças dependerá de suas atitudes e comportamentos em relação ao uso racional dessa tecnologia.

Compete a pais e professores a orientação sobre o uso consciente da tecnologia em benefício do respeito ao ciclo da vida, da coleta seletiva de materiais, do reaproveitamento e do consumo consciente, dos cuidados com o ambiente, dos cuidados com o corpo, entre outros aspectos, possibilitando que a criança participe de forma ativa no mundo em que vive.

Por fim, os argumentos citados até aqui justificam a importância do ensino das ciências naturais na educação infantil, pois algumas ações educativas de fácil aplicação – como o cuidado com as plantas e os animais, as práticas de higiene e cuidado com o corpo, o reconhecimento de cores, odores e variações de temperatura, a manipulação de diferentes materiais e objetos de uso cotidiano, as noções de tempo e espaço – já dão subsídios para que a criança seja inserida no mundo investigativo e de descobertas das ciências.

SUGESTÕES DE ATIVIDADES DE ACORDO COM A BNCC

Atividade 1

Grupo etário: Crianças pequenas

Direitos de aprendizagem e desenvolvimento: Brincar, explorar e expressar

Campo de experiência: Espaços, tempos, quantidades, relações e transformações"

Objetivo de aprendizagem e desenvolvimento: EI03ET02

"**(EI03ET02)** Observar e descrever mudanças em diferentes materiais, resultantes de ações sobre eles, em experimentos envolvendo fenômenos naturais e artificiais" (Brasil, 2018a, p. 51).

Proposta de atividade

O professor pode desenvolver o lúdico por meio de uma atividade experimental de caráter investigativo, **de fácil realização e que não ofereça riscos**, que desperte a atitude científica da criança. A seguir, apresentamos um exemplo.

> Experimentos com água

Observação: É importante que o professor esteja atento aos cuidados que devem ser tomados durante a realização do experimento.

A aula pode ser iniciada com uma roda de conversa sobre a água, e o professor pode fazer questionamentos que considerem o conhecimento prévio da criança sobre esse tema. O professor pode utilizar alguns recipientes contendo água e, por meio deles, abordar os seguintes conteúdos sobre a água:

› suas características físicas, como cor, cheiro e sabor;
› suas diferentes temperaturas (frio e quente);
› seus diferentes estados físicos: a água na forma líquida, a água na forma de gelo e a água na forma de gás quando está fervendo;
› observação da água em quantidades diferentes (copos, pratos, bexiga, balde, potes, garrafas PET);
› usos da água e seu consumo consciente.

O professor pode realizar uma atividade experimental abordando a importância de se tomar água filtrada, a contaminação da água, as doenças causadas pelo consumo de água não tratada etc. Nesse momento, ele pode conduzir um experimento demonstrativo do seguinte modo:

› Em um copo grande, misturar um pouco de água com um pouco de terra e com uma colher mexer bem a mistura. Essa será a água suja.
› Em seguida, utilizando uma jarra de vidro, um funil de plástico e um filtro de coar café, filtrar a água.

› O professor realiza a filtração demonstrando que, com esse procedimento, a água fica limpa. Nesse momento, o professor pode contextualizar o experimento tratando da necessidade de bebermos água filtrada e abordar conteúdos pertinentes ao componente curricular Ciências.

O professor pode projetar um filme, preparar um teatro com o uso de fantoches, mostrar fotos e contar histórias que tratem desse tema, para que as crianças possam contextualizar os objetos utilizados nas atividades experimentais em relação a fatos de seu dia a dia e tirar conclusões sobre o que aprenderam na atividade.

Atividade 2

Grupo etário: Crianças bem pequenas
Direitos de aprendizagem e desenvolvimento: Brincar, explorar, participar e expressar
Campo de experiências: Traços, sons, cores e formas
Objetivo de aprendizagem e desenvolvimento: EI02TS02
"**(EI02TS02)** Utilizar materiais variados com possibilidades de manipulação (argila, massa de modelar), explorando cores, texturas, superfícies, planos, formas e volumes ao criar objetos tridimensionais" (Brasil, 2018a, p. 48).

Proposta de atividade

O professor pode desenvolver atividades lúdicas em ambientes naturais, que envolvam o contato da criança com a natureza, tais como:
> caminhar entre os jardins da escola;
> visitar um parque da cidade.

Observação: É importante que o professor esteja atento aos cuidados que devem ser tomados durante a realização do experimento.
> Nessas atividades, a criança precisa interagir com a natureza (folhas, gravetos e cascas de árvores, flores, pedras) e explorar o espaço à sua volta, para despertar nela a curiosidade, os questionamentos e o interesse em preservar aquele ambiente.
> Ao participar dessas atividades, as crianças terão a oportunidade de fazer descobertas e observações, problematizar, levantar hipóteses, fazer comparações e estabelecer relações com os fatos do cotidiano, tendo a oportunidade de compreender traços, sons, cores e formas:
> **Sombra e luz**: observação de que existe sombra embaixo das árvores, a qual vai protegê-las da luz do sol, compreensão da diferenciação de claro e escuro.
> **Textura**: observação da textura das folhas, das pedras, das cascas das árvores.

> **Cores**: observação de que flores, folhas, frutos e pedras têm cores variadas.
> **Superfícies**: observação das diferentes superfícies encontradas durante o trajeto percorrido no jardim ou no parque.
> **Sons**: observação dos sons dos pássaros, dos animais que estiverem próximos ao local do passeio, das conversas, dos carros, do vento, do movimento das pessoas etc.
> **Formas**: observação das formas dos objetos e de sua classificação em: largos, redondos, finos, grossos, curtos, compridos.

Após o passeio, já na sala de aula, o professor pode fazer uma roda de conversa com as crianças e levantar questionamentos sobre o que vivenciaram durante a atividade, o que acharam bonito, o que observaram de diferente nos objetos. Pode pedir também que descrevam os sons que ouviram, as cores, as formas e as texturas dos objetos conhecidos e que narrem as etapas do passeio.

O professor pode projetar um filme, mostrar fotos e contar histórias que tratem desse tema, para que as crianças possam compreender os fenômenos da natureza e reconhecer os objetos vistos durante o passeio.

JUSTIFICATIVA

Por meio das duas atividades propostas, verifica-se a importância do ensino das ciências da natureza para a educação infantil. São atividades lúdicas que envolvem as crianças, tornando a aprendizagem mais significativa, divertida e prazerosa. As práticas educativas vivenciadas pela criança em seu ambiente de aprendizagem, articuladas com as experiências adquiridas em seu dia a dia, podem contribuir significativamente para o acesso ao conhecimento científico e para o seu crescimento pessoal.

Na primeira atividade, o conhecimento prévio da criança sobre a importância da água, bem como o conhecimento das características físicas dessa substância, deve ser considerado para que a criança estabeleça relações com os fatos de seu cotidiano e se sinta mais estimulada na aquisição de novos conhecimentos. É uma atividade que pode ser realizada para que a criança desenvolva a consciência acerca da necessidade de não se desperdiçar esse recurso natural e reconheça a importância de preservá-la. A atividade experimental é essencial para fazer a abordagem do conteúdo de ciências e contribuir para que a alfabetização científica da criança seja desenvolvida.

A segunda atividade pode ser realizada para despertar na criança a consciência acerca dos cuidados com a natureza e da importância de preservá-la. O professor deve observar o interesse e o encantamento da criança em explorar e experienciar o ambiente e, desse modo, estimular seu interesse pelo conhecimento científico.

SÍNTESE

Neste capítulo, tratamos, inicialmente, dos fundamentos da educação infantil, apontando as interações e as brincadeiras no ambiente escolar como forma de a criança aprender e adquirir conhecimentos indispensáveis para o seu desenvolvimento.

Destacamos que o desenvolvimento cognitivo e a aprendizagem da criança resultam de suas interações com o meio natural, social e cultural.

Em seguida, apresentamos a organização curricular proposta pela BNCC para a etapa da educação infantil, a qual é constituída por direitos de aprendizagem e desenvolvimento, campos de experiências e objetivos de aprendizagem e desenvolvimento.

Depois, destacamos a importância do ensino das ciências da natureza para a educação infantil, com o intuito de que a criança adquira o conhecimento necessário para exercer plenamente sua cidadania.

Sinalizamos a relevância das atividades lúdicas e experimentais que tenham caráter investigativo, para que o interesse da criança pelo aprendizado das ciências da natureza seja despertado.

Finalizamos o capítulo propondo algumas atividades experimentais a partir dos campos de experiências no âmbito do conhecimento das ciências naturais.

INDICAÇÕES CULTURAIS

FILME

WALL-E. Direção: Andrew Stanton. EUA 2008. 97min

O filme aborda temas importantes para o ensino de Ciências, como a destruição da Terra, a produção e a reciclagem do lixo, a poluição ambiental com lixo e gases tóxicos, a ciência e a tecnologia, a importância das plantas para a vida, o sedentarismo e a obesidade.

Na história, a Terra está coberta por lixo e gases poluentes e, para solucionar o problema, dois robôs, Wall-E e Eva, são designados para limpar o planeta.

ATIVIDADES DE AUTOAVALIAÇÃO

[1] Nas afirmativas a seguir, marque V para as verdadeiras e F para as falsas:

[ ] Os vínculos afetivos decorrentes do convívio social são benéficos e devem ser estimulados na educação infantil.

[ ] As interações e as brincadeiras na educação infantil não contribuem para a aprendizagem da criança.

[ ] A criança deve estar inserida em um ambiente rico em estímulos para que possa se comunicar, interagir e construir seu conhecimento.

[ ] Na educação infantil, as interações ocorrem de maneira mais lenta, pois é a fase das descobertas, em que a criança aprende e se socializa bem pouco com o mundo externo.

[ ] A criança aprende desde as experiências que vivencia em casa, sendo esta sua primeira escola.

Agora, assinale a alternativa que indica a sequência correta:

[A] V, F, V, V, F.
[B] F, F, F, V, F.
[C] V, F, V, F, V.
[D] V, V, V, F, V.

[2] A alfabetização científica na educação infantil tem como propósito a estimular a criança:

[A] realizar experiências, memorizar nomes e fórmulas e apropriar-se de simbologias, modelos explicativos e conceitos científicos que estimulem a atitude científica.

[B] atender à necessidades pessoais e sociais das pessoas ao seu redor.

[C] fazer uso do conhecimento científico para se posicionar diante das situações e atuar no mundo do qual faz parte.

[D] realizar observações criteriosas, elaborar hipóteses e formular uma teoria científica a respeito de um problema.

[3] A respeito da importância do ensino das ciências naturais na educação infantil, são feitas as seguintes afirmações:

[I] O ensino das ciências naturais na educação infantil vai contribuir para a formação da criança como cidadão participativo e questionador.

[II] O ensino das ciências naturais na educação infantil não é relevante, pois nessa fase da escolaridade a criança só precisa brincar e interagir com outras crianças.

[III] O ensino das ciências naturais na educação infantil permite à criança fazer muitas descobertas que vão favorecer sua relação com a natureza e com o mundo ao seu redor.

São verdadeiras as afirmações:
[A] I e II, apenas.
[B] II, apenas.
[C] II e III, apenas.
[D] I e III, apenas.

[4] A BNCC estabelece para a educação infantil seis direitos de aprendizagem e desenvolvimento, os quais são trabalhados ao longo da creche e da pré-escola. São eles:
[A] Brincar, comunicar, criar, participar, procurar, descobrir.
[B] Conviver, brincar, participar, explorar, expressar, conhecer-se.
[C] Investigar, recriar, perceber-se, explorar, incentivar, caminhar.
[D] Interagir, decorar, conversar, falar, enxergar-se, encorajar-se.

[5] Sobre os campos de experiências propostos pela BNCC (Brasil, 2018a) e suas principais características, associe a primeira coluna com a segunda:

1. O eu, o outro e o nós	( ) Possibilita às crianças vivenciar diversas formas de expressão e linguagens.
2. Corpo, gestos e movimentos	( ) As crianças demonstram curiosidade sobre o mundo físico.
3. Traços, sons, cores e formas	( ) Contribuem para o desenvolvimento do gosto pela leitura.
4. Escuta, fala, pensamento e imaginação	( ) As crianças se expressam no entrelaçamento entre corpo, emoção e linguagem.
5. Espaços, tempos, quantidades, relações e transformações	( ) As crianças participam de relações sociais e de cuidados pessoais.

Agora, assinale a alternativa que indica a sequência correta:

[A] 1 – 2 – 3 – 4 – 5.
[B] 3 – 5 – 4 – 2 – 1.
[C] 5 – 2 – 3 – 4 – 1.
[D] 2 – 3 – 1 – 5 – 4.
[E] 4 – 5 – 2 – 1 – 3.

ATIVIDADES DE APRENDIZAGEM

QUESTÕES PARA REFLEXÃO

[1] Com base no que foi visto neste capítulo, organize uma discussão com seu grupo de estudos sobre a seguinte questão: Quais são as dificuldades enfrentadas pelo professor da educação infantil ao ensinar os conteúdos das ciências da natureza?

[2] Por que é necessário considerar as tecnologias eletrônicas nas experiências com as crianças da educação infantil?

ATIVIDADE APLICADA: PRÁTICA

[1] Escolha um campo de experiências e elabore uma atividade experimental sobre algum tema em que possam ser abordados conteúdos das ciências da natureza na educação infantil.

três...

As ciências da natureza no ensino fundamental

Liane Maria Vargas Barboza

Partindo dos pressupostos teóricos abordados até aqui, este capítulo será desenvolvido com base na organização dos conteúdos das ciências naturais no ensino fundamental, tendo em vista que o ensino de ciências nos anos iniciais deve permitir o aprendizado dos conceitos básicos dessa área do conhecimento e possibilitar a compreensão das relações entre ciência e sociedade.

Buscaremos demonstrar ainda que a ciência, entendida como construção humana para uma compreensão do mundo, é uma meta para o ensino da área na escola fundamental.

Assim, neste capítulo, apresentaremos a relação entre os conteúdos ministrados e as diferentes ciências – como astronomia e física, biologia e geociências, química e biologia – e mostraremos como a integração de conteúdos dessas diversas áreas do saber favorece o aprendizado do conhecimento científico.

Nessa perspectiva, objetivamos retratar a importância da seleção de conteúdos do componente curricular Ciências, bem como salientar a relevância do entendimento da interdisciplinaridade na aprendizagem dos conceitos científicos.

3.1 CIÊNCIAS NATURAIS NO ENSINO FUNDAMENTAL

Para dar início à abordagem do tema desta seção, podemos fazer o seguinte questionamento:

> Qual a importância de ensinar ciências para crianças no ensino fundamental?

Podemos responder a essa questão dizendo que a importância do estudo das ciências naturais no ensino fundamental decorre do fato de que ela auxilia o estudante na compreensão da realidade que o cerca e dos fenômenos que ocorrem na natureza, situando-o como um sujeito participativo e transformador desse processo.

Nesse contexto, Santos e Mendes Sobrinho (2008, p. 52) afirmam que "estudar ciências naturais é imprescindível, principalmente nas séries iniciais, pois assim a criança, desde o início de sua escolarização, pode interagir com o conhecimento científico, obtendo, dessa forma, uma compreensão mais profunda da natureza e da sociedade em que vive".

Fumagalli (1998, p. 15) destaca três argumentos que considera essenciais para se ensinar ciências no ensino fundamental: "a) o direito das crianças de aprender ciências; b) o dever social obrigatório da escola fundamental, como sistema escolar, de distribuir conhecimentos científicos ao conjunto da população, e c) o valor social do conhecimento científico".

O ensino de ciências deve possibilitar que o estudante faça a articulação dos conceitos da área das ciências da natureza com questões de seu meio social. Desse modo, entendemos que o ensino de ciências para o ensino fundamental nos dias atuais é importante, pois permite que a criança construa os próprios conceitos para interpretar os fenômenos da natureza.

Com base nesse entendimento, verifica-se que a aprendizagem dos conceitos científicos se torna significativa para o estudante do ensino fundamental à medida que ele passa a compreender como se dá a relação existente entre o ser humano e o meio ambiente, entre o ser humano e a saúde, entre a ciência e os recursos tecnológicos e entre a Terra e o Universo.

Para tanto, o ensino de ciências deve ser realizado de forma contextualizada, inovadora e interdisciplinar, visando enfatizar a importância do conhecimento científico para a formação integral do estudante.

Sendo realizado dessa forma, o ensino de ciências contribui para que o estudante construa seu conhecimento e desenvolva habilidades e competências que lhe permitam tomar decisões e se posicionar diante das questões sociais e ambientais de seu cotidiano.

Sobre a aprendizagem de ciências no ensino fundamental, a Base Nacional Comum Curricular (BNCC) aponta que

> *não basta que os conhecimentos científicos sejam apresentados aos alunos. É preciso oferecer oportunidades para que eles, de fato, envolvam-se em processos de aprendizagem nos quais possam vivenciar momentos de investigação que lhes possibilitem exercitar e ampliar sua curiosidade, aperfeiçoar sua capacidade de observação, de raciocínio lógico e de criação, desenvolver posturas mais colaborativas e sistematizar suas primeiras explicações sobre o mundo natural e tecnológico, e sobre seu corpo, sua saúde e seu bem-estar, tendo como referência os conhecimentos, as linguagens e os procedimentos próprios das Ciências da Natureza.* (Brasil, 2018a, p. 331)

Visando ao desenvolvimento de habilidades e competências, o ensino de ciências pode auxiliar na leitura e na escrita. Para isso, é necessário que o professor trabalhe os conteúdos do componente curricular Ciências por meio de textos adequados à faixa etária dos estudantes.

> **Pare e pense**
>
> Mas o que é proposto, então, como forma de ensino de ciências em sala de aula no ensino fundamental?

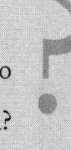

No que se refere a esse aspecto, cabe-nos registrar que diferentes propostas têm sido apresentadas no decorrer dos últimos anos, contribuindo para o desenvolvimento da educação.

Toda essa preocupação se deve à forte influência das tendências educacionais e do contexto social no qual o estudante está inserido, considerando-se o objetivo de transformar o estudante em um sujeito crítico, participativo e construtor de seu conhecimento.

> **Preste atenção!**
>
> O ensino em que o estudante desempenha um papel ativo e protagoniza a construção de seu conhecimento faz com que sua aprendizagem seja mais expressiva, pois mostra o conhecimento científico como um saber mais sistematizado, o que torna mais significativo o entendimento do ambiente em que vive.

Ainda que a aprendizagem de ciências nas séries iniciais ocorra por meio de diferentes metodologias, é importante considerar que a escolha dessas metodologias deve atender aos objetivos preestabelecidos pelo professor.

Um objetivo primordial para o ensino de ciências é que a aprendizagem dos conteúdos científicos tenha significado para o estudante. Isso porque a capacidade de perceber a importância do ensino de ciências em sua realidade fará com que ele não apenas aprenda um conteúdo, mas também possa aplicá-lo em seu dia a dia.

> **Pare e pense**
> O que deve ser feito para que os objetivos propostos para o ensino de ciências sejam alcançados?

Para atender aos objetivos propostos, é necessário que o professor estabeleça critérios na organização dos conteúdos, fazendo uma seleção que atenda aos interesses e às necessidades dos estudantes, pois o conteúdo apresentado deve ter o propósito de despertar nestes o interesse pelo que está sendo ensinado.

No que se refere à seleção de conteúdos no ensino de ciências naturais, esta deve priorizar a alfabetização científica do estudante, de modo que possa contribuir para se posicionar na sociedade.

Ao estudar temas como ambiente, ser humano e saúde, recursos tecnológicos, Terra e Universo, a criança desperta sua atenção para assuntos que fazem parte de seu dia a dia e que são importantes para a sua vida. Na visão de Lorenzetti e

Delizoicov (2001, p. 48), "uma pessoa com conhecimentos mínimos sobre estes assuntos pode tomar suas decisões de forma consciente, mudando seus hábitos, preservando a sua saúde e exigindo condições dignas para a sua vida e a dos demais seres humanos".

Assim, recebendo um ensinamento contextualizado e atualizado, a criança perceberá a inter-relação entre o que está sendo ensinado em sala de aula e os fatos que fazem parte de seu cotidiano; com isso, o ensino de ciências naturais se torna mais interessante, atrativo e significativo para a sua vida.

> Por exemplo, ao estudar o tema **meio ambiente**, o estudante perceberá que existe uma estreita relação entre a vida do homem, o meio ambiente e os seres que nele habitam. Desse modo, ao conhecer os fatores que regem o ambiente que o rodeia, ele compreenderá que, preservando todas as formas de vida existentes, estará preservando a sua própria vida.

> Já, ao estudar o tema ser humano e saúde, o estudante poderá entender como a qualidade de vida pode estar relacionada com a sua saúde, como o hábito de uma alimentação saudável pode contribuir para a manutenção do equilíbrio de seus órgãos vitais, além dos aspectos que regem o desenvolvimento e o funcionamento do corpo humano e a forma como agem os sistemas de defesa do organismo em relação à prevenção de doenças.

Veja, então, que o ensino de ciências naturais deve apresentar a ciência como um processo de produção de conhecimento e uma atividade de construção humana, bem como favorecer sua formação pessoal na produção do conhecimento científico e na obtenção das capacidades necessárias ao exercício da cidadania.

Desse modo, é necessário que, no ensino de ciências, sejam aplicadas metodologias diversificadas, as quais tornem o estudante um sujeito capaz de problematizar a realidade que observa, formular hipóteses sobre os problemas levantados, planejar e desenvolver atividades experimentais, analisar os resultados obtidos e formular suas conclusões a respeito do que foi analisado.

> **Preste atenção!**
>
> Diante do exposto, você deve entender que a contribuição do ensino de ciências para a formação pessoal e científica do estudante é de grande importância e que o professor deve desenvolver aulas não tradicionais, nas quais a transmissão do conhecimento é feita pelo professor e o estudante não participa ativamente da aula. As aulas precisam contemplar o aprofundamento dos conhecimentos, o diálogo, a criatividade e a articulação entre a teoria e a prática.

Essa forma de ensino em que a preocupação é somente transmitir o conhecimento, isto é, repassar os conteúdos ao estudante por meio da exposição verbal e da repetição dos exercícios e da matéria ensinada não possibilita a aprendizagem significativa dos conteúdos.

Nessa direção, Luckesi (1996, p. 84) observa que "oferecer conhecimentos não significa somente transmitir e possibilitar a assimilação dos resultados da ciência, mas também transmitir e possibilitar a assimilação dos recursos metodológicos utilizados na produção dos conhecimentos".

Simplificando

O procedimento de ensinar ciências somente valorizando a definição dos conceitos científicos, a memorização e a repetição desses conceitos não leva ao objetivo esperado para o ensino dessa área, que é a aquisição do conhecimento significativo para sua posterior aplicação.

Entendemos que se faz necessária a adoção de **metodologias** que alcancem os objetivos esperados para o ensino de ciências, tendo o professor a habilidade de estabelecer critérios que sejam coerentes para selecionar os conteúdos e as metodologias mais adequadas para esse propósito.

Nessa perspectiva, o professor tem um papel de grande importância no processo de aprendizagem dos conceitos científicos, já que tais conceitos se constituem no fundamento do estudo das ciências naturais.

> **Preste atenção!**
>
> Para que a aprendizagem seja efetiva, é necessário que ocorra a interação entre o estudante e o objeto a ser estudado, sendo que a metodologia aplicada deve despertar no estudante o gosto pela ciência, por meio de um ensino mais dinâmico e de qualidade, o qual se baseia na ideia de ciência como uma atividade humana.

No ensino de ciências naturais, podemos dizer que o desenvolvimento de certos valores e posturas é essencial para o aprendizado de temas pertinentes a essa área do ensino.

Segundo Krasilchik (2008, p. 12), "nas primeiras quatro séries do ensino fundamental, cada classe tem um professor responsável por todas as áreas do conhecimento. Nas quatro últimas séries, biologia faz parte do componente curricular ciências, que engloba também tópicos de física e química".

Nesse contexto, o ensino de ciências nas últimas séries do ensino fundamental contempla a introdução aos conhecimentos das áreas de biologia, física e química. É importante que o professor comece a trabalhar os conhecimentos científicos dessas áreas, que serão aprofundados no ensino médio.

Para Krasilchik (2008, p. 13), os tópicos trabalhados no Brasil nas quatro primeiras séries do ensino fundamental são:

- *ser humano;*
- *sistemas do corpo humano;*
- *órgãos dos sentidos;*
- *necessidades vitais;*
- *alimentação – fontes de alimento;*
- *seres vivos;*
- *classificação – animais e vegetais;*
- *relação entre os seres vivos;*
- *equilíbrio ecológico;*

- *ser humano e ambiente;*
- *modificações físicas e biológicas do ser humano.*

Ainda de acordo com essa mesma autora,

> *Da 5ª à 8ª série do ensino fundamental, os temas comumente ensinados são os seguintes:*
> - *plantas – solo e clima – agricultura;*
> - *distribuição de animais e plantas;*
> - *organismos e reações químicas;*
> - *nutrição, respiração, excreção;*
> - *sistema nervoso – hormônios – comportamento;*
> - *produção de alimentos;*
> - *vida e energia – fotossíntese e cadeias alimentares – ecossistemas;*
> - *reprodução e estrutura celular. (Krasilchik, 2008, p. 13)*

Como podemos observar, os temas abordados nessas séries do ensino fundamental possibilitam que o estudante tenha uma visão da ciência em seu dia a dia. Para tanto, é necessário que o professor trabalhe esses temas de forma criativa, contextualizada, interdisciplinar, experimental e problematizadora.

> A apresentação dos conteúdos programáticos no estudo de ciências deve promover e despertar o desejo de conhecê-la e compreendê-la, pois, se não for dessa forma, segundo Fracalanza, Amaral e Gouveia (1986), o processo educativo fica distante do educando, representando um ensino fragmentado e superficial.

Portanto, os conteúdos a serem ensinados em ciências devem permitir que o estudante compreenda o processo científico por meio do desenvolvimento de atitudes e valores, os quais englobam, entre outros, aspectos da vida social, de sua formação cultural, da saúde humana e da qualidade de vida, das relações do homem com a natureza e da preservação do ambiente.

Nesse contexto, mediante o ensino de ciências naturais, o estudante da escola fundamental deve adquirir conhecimentos para formular conceitos e apreender de modo mais significativo o mundo que o cerca, entendendo que o que está sendo aprendido em sala de aula está também presente em seu dia a dia.

Nesse sentido, Fracalanza, Amaral e Gouveia (1986, p. 26-27) entendem que

> *o ensino de ciências nos anos iniciais, entre outros aspectos, deve contribuir para o domínio das técnicas de leitura e escrita; permitir o aprendizado dos conceitos básicos das ciências naturais e da aplicação dos princípios aprendidos a situações práticas; possibilitar a compreensão das relações entre a ciência e a sociedade e dos mecanismos de produção e apropriação dos conhecimentos científicos e tecnológicos; garantir a transmissão e a sistematização dos saberes e da cultura regional e local.*

Assim, o estudo das ciências da natureza no ensino fundamental deve possibilitar a compreensão dos processos científicos que ocorrem no cotidiano do estudante, visando contribuir para que ele tenha uma visão adequada e abrangente da ciência.

3.2 CONTEÚDOS DO ENSINO DE CIÊNCIAS NATURAIS NOS ANOS INICIAIS E FINAIS DO ENSINO FUNDAMENTAL: MATÉRIA E ENERGIA, VIDA E EVOLUÇÃO, TERRA E UNIVERSO

Na BNCC do ensino fundamental, a área do conhecimento das ciências da natureza tem o componente curricular Ciências nos anos iniciais (1º ao 5º ano) e nos anos finais (6º ao 9º ano), sendo que esse componente curricular contempla competências específicas.

As **competências específicas** devem ser desenvolvidas ao longo dos nove anos do ensino fundamental por meio das habilidades necessárias para as aprendizagens essenciais do componente curricular correspondente a essa área do conhecimento.

Conforme as recomendações da BNCC,

> *Para garantir o desenvolvimento das competências específicas, cada componente curricular apresenta um conjunto de* **habilidades**. *Essas habilidades estão relacionadas a diferentes* **objetos de conhecimento** *– aqui entendidos como conteúdos, conceitos e processos –, que, por sua vez, são organizados em* **unidades temáticas**. (Brasil, 2018a, p. 28, grifo do original)

As **unidades temáticas** definem os objetos de conhecimento para as séries iniciais e finais da modalidade do ensino fundamental.

QUADRO 3.1 – CIÊNCIAS – 1º ANO

Unidades temáticas	Objetos de conhecimento	Habilidades
Vida e evolução	Corpo humano Respeito à diversidade	**(EF01CI02)** Localizar, nomear e representar graficamente (por meio de desenhos) partes do corpo humano e explicar suas funções. **(EF01CI03)** Discutir as razões pelas quais os hábitos de higiene do corpo (lavar as mãos antes de comer, escovar os dentes, limpar os olhos, o nariz e as orelhas etc.) são necessários para a manutenção da saúde. **(EF01CI04)** Comparar características físicas entre os colegas, reconhecendo a diversidade e a importância da valorização, do acolhimento e do respeito às diferenças.

Fonte: Brasil, 2018a, p. 29.

O arranjo do Quadro 3.1 em unidades temáticas, objetos de aprendizagem e habilidade não deve ser tomado como modelo obrigatório para o desenho dos currículos (Brasil, 2018a).

Para saber mais

Quer aprofundar seu conhecimento sobre as unidades temáticas, os objetos de conhecimento e as habilidades previstas para as séries iniciais (1º ao 5º ano) do ensino fundamental na BNCC? Então, acesse o *link* a seguir e consulte as páginas 332-341.

BRASIL. Ministério da Educação. **Base Nacional Comum Curricular**: educação é a base. Brasília, 2018. Disponível em: <http://basenacionalcomum.mec.gov.br/images/BNCC_EI_EF_110518_versaofinal_site.pdf>. Acesso em: 15 jul. 2024.

Sobre as unidades temáticas, os objetos de conhecimento e as habilidades previstas para as séries finais (6º ao 9º ano) do ensino fundamental na BNCC, acesse o *link* a seguir e consulte as páginas 344-351.

BRASIL. Ministério da Educação. **Base Nacional Comum Curricular**: educação é a base. Brasília, 2018a. Disponível em: <http://basenacionalcomum.mec.gov.br/images/BNCC_EI_EF_110518_versaofinal_site.pdf>. Acesso em: 15 jul. 2024.

A organização do currículo deve levar em conta o contexto escolar, o perfil dos estudantes, a estrutura da escola, os recursos didático-pedagógicos, as experiências pedagógicas e a autonomia dos professores.

De acordo com a BNCC (Brasil, 2018a, p. 29), as **habilidades** expressam as aprendizagens essenciais que devem ser asseguradas aos alunos nos diferentes contextos escolares.

Nesse documento, elas são identificadas por um código alfanumérico, cuja composição é exemplificada e explicada a seguir.

> Código alfanumérico: **EF01CI02**
>
> Em que:
> **EF**: etapa do ensino fundamental.
> **01**: 1º ano do ensino fundamental.
> **CI**: componente curricular Ciências.
> **02**: número da habilidade proposta para o ano de escolaridade.

Portanto, o código alfanumérico **EF01CI02** refere-se à segunda habilidade proposta para o componente curricular Ciências no 1° ano do ensino fundamental.

> **Para saber mais**
>
> Sobre a identificação do código alfanumérico da BNCC, consulte a p. 30 do documento apresentado no *link* a seguir
>
> BRASIL. Ministério da Educação. **Base Nacional Comum Curricular**: educação é a base. Brasília, 2018. Disponível em: <http://basenacionalcomum.mec.gov.br/images/BNCC_EI_EF_110518_versaofinal_site.pdf>. Acesso em: 15 jul. 2024.

Cabe ressaltar aqui a importância do desenvolvimento do letramento científico para o ensino fundamental, como um modo de possibilitar que o estudante compreenda os fatos e fenômenos que ocorrem ao seu redor, os interprete criticamente e se posicione diante dos desafios como um cidadão ativo e participativo, com base nos ensinamentos recebidos nas aulas de ciências.

Para tanto, os aspectos sociais, culturais, éticos, políticos, econômicos e ambientais devem ser contemplados no processo de ensino e aprendizagem, valorizando a aprendizagem dos conhecimentos científicos e a metodologia da investigação.

COMPETÊNCIAS ESPECÍFICAS DE CIÊNCIAS DA NATUREZA PARA O ENSINO FUNDAMENTAL

1. Compreender as Ciências da Natureza como empreendimento humano, e o conhecimento científico como provisório, cultural e histórico.

2. Compreender conceitos fundamentais e estruturas explicativas das Ciências da Natureza, bem como dominar processos, práticas e procedimentos da investigação científica, de modo a sentir segurança no debate de questões científicas, tecnológicas, socioambientais e do mundo do trabalho, continuar aprendendo e colaborar para a construção de uma sociedade justa, democrática e inclusiva.

3. Analisar, compreender e explicar características, fenômenos e processos relativos ao mundo natural, social e tecnológico (incluindo o digital), como também as relações que se estabelecem entre eles, exercitando a curiosidade para fazer perguntas, buscar respostas e criar soluções (inclusive tecnológicas) com base nos conhecimentos das Ciências da Natureza.

4. Avaliar aplicações e implicações políticas, socioambientais e culturais da ciência e de suas tecnologias para propor alternativas aos desafios do mundo contemporâneo, incluindo aqueles relativos ao mundo do trabalho.

5. Construir argumentos com base em dados, evidências e informações confiáveis e negociar e defender ideias e pontos de vista que promovam a consciência socioambiental e o respeito a si próprio e ao outro, acolhendo e valorizando a diversidade de indivíduos e de grupos sociais, sem preconceitos de qualquer natureza.

6. Utilizar diferentes linguagens e tecnologias digitais de informação e comunicação para se comunicar, acessar e disseminar informações, produzir conhecimentos e resolver problemas das Ciências da Natureza de forma crítica, significativa, reflexiva e ética.

7. Conhecer, apreciar e cuidar de si, do seu corpo e bem-estar, compreendendo-se na diversidade humana, fazendo-se respeitar e respeitando o outro, recorrendo aos conhecimentos das Ciências da Natureza e às suas tecnologias.

> 8. Agir pessoal e coletivamente com respeito, autonomia, responsabilidade, flexibilidade, resiliência e determinação, recorrendo aos conhecimentos das Ciências da Natureza para tomar decisões frente a questões científico-tecnológicas e socioambientais e a respeito da saúde individual e coletiva, com base em princípios éticos, democráticos, sustentáveis e solidários.

Fonte: Brasil, 2018a, p. 324.

A seleção dos conteúdos de ciências naturais a serem ensinados nos anos iniciais e finais do ensino fundamental deve ter como meta promover no estudante a compreensão dos fenômenos que ocorrem no mundo à sua volta – tais como as transformações que ocorrem na natureza –, demonstrando que, por meio do conhecimento científico, esse objetivo poderá ser alcançado.

Para tanto, a escolha de uma sequência de conteúdos que seja adequada a tais ensinamentos deve ser realizada, de modo que estes estejam relacionados entre si para explicar os fenômenos.

Desse modo, para uma melhor estruturação dos conteúdos estudados em ciências naturais no ensino fundamental, em razão da variedade de temas existentes, a BNCC do ensino fundamental organizou os conteúdos em três unidades temáticas, a saber:

1. Matéria e energia
2. Vida e evolução
3. Terra e Universo

De acordo com essa estruturação, para cada uma dessas unidades temáticas existe uma organização dos objetos de conhecimento e das habilidades. Os objetos de conhecimento devem estar articulados de forma interdisciplinar e contextualizada, tendo por finalidade atingir os objetivos das ciências naturais para o ensino fundamental.

Por meio dessa estrutura, ao estudar ciências, o estudante deve compreender a relação que essa área do conhecimento tem com a sociedade, com o ambiente e com o ser humano, além de conhecer as aplicações do conhecimento científico no desenvolvimento da tecnologia.

Dessa forma, ao tratar do tema **Matéria e energia**, o estudante adquirirá conhecimento para entender os "materiais e suas transformações, fontes e tipos de energia utilizados na vida em geral, na perspectiva de construir conhecimento sobre a natureza da matéria e os diferentes usos da energia" (Brasil, 2018a, p. 325).

Podemos dizer, então, que essa unidade temática visa promover a compreensão dos objetos concretos e dos recursos energéticos empregados na geração de diferentes tipos de energia e na produção e no uso dos materiais, bem como a reciclagem dos materiais e o uso dos recursos naturais de forma sustentável na sociedade, entendendo o mundo à sua volta e a integração do homem com a natureza.

Na unidade temática **Vida e evolução**, a criança vai compreender o funcionamento do corpo humano e os sistemas pelos quais ele é constituído, como o sistema digestório e o sistema reprodutor, as relações entre os processos vitais do corpo humano e os tipos de células, suas formas e funções, além de entender como ocorre a reprodução humana.

Para os anos finais do ensino fundamental,

> *Pretende-se que os estudantes, ao terminarem o Ensino Fundamental, estejam aptos a compreender a organização e o funcionamento de seu corpo, assim como a interpretar as modificações físicas e emocionais que acompanham a adolescência e a reconhecer o impacto que elas podem ter na autoestima e na segurança de seu próprio corpo.* (Brasil, 2018a, p. 327)

Nesse sentido, é importante que o professor aborde questões referentes ao desenvolvimento e ao funcionamento do corpo humano, enfatizando que uma alimentação saudável é fundamental para a manutenção da saúde humana.

Além disso, é necessário que o professor apresente e explique as formas de prevenção contra doenças e enfatize a importância de fazer a reciclagem do lixo, bem como o tratamento de esgotos e o tratamento da água, respeitando o que o aluno já sabe, de modo que este possa ampliar seu conhecimento sobre o assunto.

A respeito do tema **Terra e Universo**, o aluno vai estudar as questões referentes ao nosso planeta, ao sistema solar e à origem do Universo. Desse modo, "ampliam-se experiências de observação do céu, do planeta Terra, particularmente das zonas habitadas pelo ser humano e demais seres vivos, bem como de observação dos principais fenômenos celestes" (Brasil, 2018a, p. 328).

A compreensão do Universo possibilita ao estudante entender alguns fenômenos do sistema solar, que estão relacionados diretamente com a vida na Terra, bem como o leva a refletir sobre a responsabilidade das ações do homem no meio ambiente e na sociedade.

É importante que o aluno reconheça a importância da tecnologia para o desenvolvimento da sociedade e da qualidade de vida, tendo em vista que a vida moderna está dominada pelos avanços da ciência e da tecnologia. Dessa maneira, é fundamental que o estudante compreenda as propriedades, as principais características e as aplicações dos diferentes materiais que fazem parte de seu cotidiano, as transformações químicas e físicas que ocorrem ao seu redor, bem como a composição das principais substâncias químicas.

De acordo com a BNCC (Brasil, 2018a, p. 329), é preciso considerar que a ciência e a tecnologia, "por um lado, viabilizam a melhoria da qualidade de vida humana, mas, por outro, ampliam as desigualdades sociais e a degradação do ambiente".

No ensino de ciências, devem ser abordados aspectos históricos, sociais, culturais, éticos, políticos, econômicos e ambientais, levando o estudante a refletir e a desenvolver o senso crítico, para que possa tomar decisões.

A compreensão das relações entre a ciência, a natureza, a tecnologia e a sociedade é uma das propostas da BNCC:

> *Nos anos finais do Ensino Fundamental, a exploração das vivências, saberes, interesses e curiosidades dos alunos sobre o mundo natural e material continua sendo fundamental. Todavia, ao longo desse percurso, percebem-se uma ampliação progressiva da capacidade de abstração e da autonomia de ação e de pensamento, em especial nos últimos anos, e o aumento do interesse dos alunos pela vida social e pela busca de uma identidade própria. Essas características possibilitam a eles, em sua formação científica, explorar aspectos mais complexos das*

relações consigo mesmos, com os outros, com a natureza, com as tecnologias e com o ambiente [...].
(Brasil, 2018a, p. 343)

Considerando-se a relação homem-natureza, é necessário trabalhar o ambiente de forma interdisciplinar, problematizadora e experimental.

> **Pare e pense**
>
> Como podemos trabalhar o ambiente de forma interdisciplinar, problematizadora e experimental?

As aulas práticas podem despertar o interesse dos estudantes para a compreensão dos fenômenos a serem estudados e possibilitar o desenvolvimento de competências e habilidades cognitivas.

Para tanto, é essencial que o professor leve os estudantes a construir o conhecimento, tarefa que exigirá daquele um planejamento adequado das atividades a serem desenvolvidas, bem como das metodologias empregadas no processo de ensino e aprendizagem.

> **Para saber mais**
>
> Para saber mais sobre as três unidades temáticas, consulte as páginas 325-328 da BNCC.
>
> BRASIL. Ministério da Educação. **Base Nacional Comum Curricular**: educação é a base. Brasília, 2018. Disponível em: <http://basenacionalcomum.mec.gov.br/images/BNCC_EI_EF_110518_versaofinal_site.pdf>. Acesso em: 15 jul. 2024.

3.3 RELAÇÃO ENTRE OS CONTEÚDOS E AS DIFERENTES CIÊNCIAS: ASTRONOMIA, BIOLOGIA, FÍSICA, GEOCIÊNCIAS E QUÍMICA

Nos últimos tempos, o ensino de ciências tem procurado trabalhar de forma **interdisciplinar**, buscando uma integração com o ensino de diferentes áreas – como astronomia, biologia, física, química e geociências – com vistas a possibilitar o entendimento de diferentes situações do cotidiano.

Desse modo, a compreensão dos fatos do cotidiano e dos fenômenos da natureza na visão de diferentes disciplinas confere à área de ciências naturais um caráter interdisciplinar, uma vez que evidencia o conhecimento dessa área em sua interface com outras áreas do conhecimento.

Sabemos que os conteúdos abordados no ensino das diferentes ciências devem estar integrados e articulados entre si, pois a prática pedagógica de vincular, articular, relacionar e contextualizar conhecimentos por meio de um modo interdisciplinar é essencial para que ocorra o aprendizado.

Isso é verificado na concepção de Machado (2000, p. 193), o qual afirma que a "interdisciplinaridade é uma intercomunicação efetiva entre as disciplinas, através da fixação de um objeto comum diante do qual os objetos particulares de cada uma delas constituem subobjetos".

> Nesse sentido, é fundamental que o professor desenvolva uma prática pedagógica que esteja baseada na articulação entre os aspectos teóricos e práticos de cada ciência, pois o procedimento de se trabalhar um conteúdo em conjunto vai demonstrar as ligações existentes entre as ciências, o que contribuirá para a melhoria do aprendizado.

Segundo Silva (1999, p. 54), "a forma pela qual o professor didatiza o conteúdo de sua aula está intimamente associada à natureza desse conteúdo [...]. Por outro lado, essa forma envolve um certo grau de relacionamento com outros conhecimentos, uma certa extensão do conhecimento disciplinar".

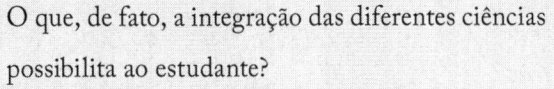

> **Pare e pense**
>
> O que, de fato, a integração das diferentes ciências possibilita ao estudante?

A integração das diferentes ciências – como astronomia e física, biologia e química, geociências e química – vai se constituir em um conjunto de conteúdos que pode promover a aprendizagem, bem como favorecer a apropriação de aspectos teórico-metodológicos que envolvam o aprendizado de tais ciências.

De fato, a interdisciplinaridade possibilita a articulação de conhecimentos científicos, associados a diferentes componentes curriculares.

Nesse sentido, é possível pressupor que grande parte do conhecimento científico é obtida por meio da inter-relação entre os conhecimentos de diferentes campos do saber, visando entender um mesmo assunto sob diversas facetas. Ainda nesse contexto, Severino (1998, p. 40) assegura que "o saber, como expressão da prática simbolizadora dos homens, só será autenticamente humano e autenticamente saber quando se der interdisciplinarmente".

Considerando-se que cada ciência apresenta diferentes abordagens e métodos para explicar um mesmo fenômeno, um aspecto merece ser destacado: não obstante sua aquisição ocorra de modo individual, o conhecimento pressupõe uma totalidade.

É incontroverso que o ensino das ciências naturais assume extrema importância em decorrência de sua íntima relação com o cotidiano. Aliás, este parece ser o principal motivo pelo qual o estudante se sente estimulado a aprender um conteúdo científico: porque faz parte de sua cultura querer uma explicação mais lógica e coerente dos fatos que ocorrem em seu dia a dia. Isso porque sabemos que é a partir dos fatos e conhecimentos do senso comum que se dá o aprendizado de ciências, pois, desse modo, o estudante se motiva a aprender, já que esse procedimento visa facilitar e dinamizar o processo de ensino-aprendizagem.

Com efeito, a abordagem contextualizada e interdisciplinar dos conteúdos de ciências no ensino fundamental é uma forma de dinamizar a construção do conhecimento científico.

A BNCC reconhece a importância da interdisciplinaridade na aquisição do conhecimento, quando propõe: "decidir sobre formas de organização interdisciplinar dos componentes curriculares e fortalecer a competência pedagógica das equipes escolares para adotar estratégias mais dinâmicas, interativas e colaborativas em relação à gestão do ensino e da aprendizagem" (Brasil, 2018a, p. 16).

Japiassú (1976, p. 74) esclarece que a interdisciplinaridade "caracteriza-se pela intensidade das trocas entre os especialistas e pelo grau de integração real das disciplinas no interior de um mesmo projeto de pesquisa".

Na visão de Carlos (2024, p. 3), "na interdisciplinaridade há cooperação e diálogo entre as disciplinas do conhecimento, mas nesse caso se trata de uma ação coordenada". Nesse sentido, a interdisciplinaridade precisa ser planejada e estar ligada aos objetivos do processo pedagógico.

A abordagem interdisciplinar dos conteúdos pode ser uma estratégia de ensino e aprendizagem motivadora para os estudantes. Para trabalhar de forma interdisciplinar, o professor pode desenvolver projetos de ensino, envolvendo aspectos sociais, éticos, políticos, econômicos e ambientais, visando levar o estudante a construir o conhecimento.

No entanto, por mais que a interdisciplinaridade seja considerada um procedimento que facilita o aprendizado dos conceitos científicos, tornando-os compreensíveis para o estudante, a maioria dos currículos escolares são organizados de forma desconexa das outras áreas do conhecimento.

Esse pensamento é corroborado por Silva (1999, p. 56), ao afirmar que "há uma 'interdisciplinaridade intrínseca' ao conhecimento escolar, a qual não é explorada em todo o seu potencial. Fazê-lo implicaria acessar outros domínios de conhecimento, justamente aquilo que é negado pela prática de ensino cotidiana".

Para modificar esse quadro, seria necessário que cada professor buscasse novos conhecimentos e organizasse suas aulas com vistas a trabalhar a contextualização articulada com os conteúdos.

No que se refere ao estudo das ciências biológicas, de acordo com as Diretrizes Curriculares Nacionais para os Cursos de Ciências Biológicas esclarecem que

> *o estudo das Ciências Biológicas deve possibilitar a compreensão de que a vida se organizou através do tempo, sob a ação de processos evolutivos, tendo resultado numa diversidade de formas sobre as quais continuam atuando as pressões seletivas. Esses organismos, incluindo os seres humanos, não estão isolados, ao contrário, constituem sistemas que estabelecem complexas relações de interdependência. O entendimento dessas interações envolve a compreensão das condições físicas do meio, do modo de vida e da organização funcional interna próprios das diferentes espécies e sistemas biológicos.* (Brasil, 2001, p. 1)

Para Ursi et al. (2018, p. 8), o ensino de biologia objetiva que o estudante aprenda "conceitos e processos fundamentais da área, compreenda a natureza e o processo de construção do conhecimento científico e seja capaz de analisar criticamente as implicações da Ciência e da Tecnologia na sociedade".

Dessa maneira, mais uma vez corroboramos a necessidade de que o professor trabalhe de modo interdisciplinar, para que o estudante compreenda os processos evolutivos e seus sistemas.

> **Pare e pense**
> De que forma, então, o professor pode trabalhar os conceitos das ciências naturais em sala de aula?

O conceito de **ecossistema**, por exemplo, é caracterizado por Lacreu (1998, p. 143) como "um conjunto de seres vivos que interagem entre si e com um ambiente físico determinado. Existe uma relação entre os seres vivos e o ambiente. Assim como as características do ambiente influem sobre os seres vivos, esses também modificam as condições ambientais".

Nesse contexto, é pertinente estudar as cadeias alimentares, o ciclo de matéria e o fluxo de energia entre os seres vivos e o ambiente.

"A adaptação dos seres vivos é outro conceito que precisa de explicativas próprias da biologia, particularmente da genética, da genética de populações e da teoria da evolução, bem como de outras ciências, como a física, a geologia e a química" (Lacreu, 1998, p. 144).

É necessário enfatizar, neste ponto, que o professor de ciências deve perceber a articulação que pode ser desenvolvida com as demais ciências, visando ensinar os conteúdos de forma interdisciplinar.

Para o desenvolvimento dos conteúdos, é necessário que o professor trabalhe de forma interdisciplinar para que o estudante compreenda a inter-relação que existe entre as ciências e também o fato de que uma ciência possibilita a maior compreensão de outra.

> Como o trabalho com temas geradores na área de ciências da natureza possibilita a articulação entre as diversas ciências, o professor precisa ser capacitado para ensinar os conteúdos de forma interdisciplinar. Para tanto, ele pode desenvolver projetos com professores das outras ciências, de modo a tornar a aprendizagem mais completa e significativa para o estudante.

Com relação ao planeta Terra, na **astronomia** é possível trabalhar a posição dos planetas, os dias e as noites, o satélite Lua, os movimentos de afélio e periélio, as camadas e a composição da atmosfera.

Em outro contexto, podem ser desenvolvidas também atividades didático-pedagógicas para ensinar sobre a composição da crosta terrestre, as placas tectônicas, os animais que habitam as regiões da crosta terrestre e os diferentes tipos de rochas.

Kaufman e Serafini (1998) afirmam que o tema **horta** pode ser trabalhado analisando-se características como a textura e a cor do solo, a profundidade que as raízes atingem, as formas e texturas das folhas, os tipos e a quantidade de insetos que ali vivem, quando chove e com que intensidade, entre outras questões.

Essas autoras afirmam ainda que, na horta, poderíamos, entre outras ações: definir como limite físico a cerca ao seu redor e basear nosso estudo na influência que exercem as árvores de folhas perenes no crescimento e no desenvolvimento das verduras; limitar-nos a um canteiro e determinar quais são as verduras "comidas" pelas formigas; e ainda comparar o crescimento das alfaces em um canteiro regado adequadamente com outro no qual faltou água. Estabelecido o limite entre o sistema e seu meio, produz-se entre ambos um intercâmbio de energia e matéria.

Veja que o professor pode explorar vários âmbitos: o tipo de solo ideal para o crescimento de cada tipo de verdura; as questões dos nutrientes necessários para o desenvolvimento das verduras; a incidência da luz solar e a fotossíntese; os seres vivos consumidores, decompositores e produtores de matéria orgânica; a morfologia das plantas, assim como as questões referentes aos nomes científicos das plantas e às épocas de plantio e colheita das verduras.

A horta é um laboratório natural, no qual a interdisciplinaridade e a aprendizagem significativa se fazem presentes, e é importante que o olhar do professor e do estudante esteja voltado para esse laboratório natural de aprendizagem.

Sarría e Scotto (1998, p. 185) defendem o tema "alimentos: uma questão de química na cozinha" como um laboratório no qual se pode trabalhar química. As características sensoriais dos **alimentos** – tais como cor, odor, sabor, textura e aparência – podem ser percebidas pelos nossos sentidos, e as propriedades físicas – como peso específico, densidade, viscosidade, pontos de fusão e ebulição – podem ser exploradas. Também podem ser trabalhadas as composições químicas de substâncias como o sal, o açúcar, o vinagre, o óleo vegetal, entre outras.

Na área da **física**, podemos trabalhar as mudanças de estado físico das substâncias, o funcionamento da panela de pressão e do micro-ondas e a velocidade de alguns aparelhos eletrodomésticos. A queima da energia química e a transformação desta em energia térmica para cozinhar os alimentos podem ser ensinadas no ensino fundamental.

Na área da **biologia**, podemos trabalhar a decomposição dos alimentos, os métodos de conservação destes e as possíveis contaminações alimentares.

A temática pode também ser abordada de forma articulada com os componentes curriculares Química, Física e Biologia.

Na Química para o ensino fundamental, podem ser trabalhados, por exemplo, os conteúdos da composição química da água, bem como a solubilidade e as substâncias utilizadas no tratamento desta; na Física, as mudanças de estado físico da água, a condutibilidade elétrica; já na Biologia, podem ser estudados os microrganismos contaminantes da água e os recursos hídricos para a conservação da biodiversidade.

> **Preste atenção!**
>
> Todos os conteúdos devem ser trabalhados com enfoque nos aspectos sociais, éticos, políticos, econômicos e ambientais, tendo em vista o desenvolvimento do senso crítico do estudante.

O tema petróleo, por exemplo, é muito rico para ser desenvolvido no ensino fundamental e pode articular saberes da Biologia, da Física e da Química. Na Biologia, podem ser trabalhadas as rochas metamórficas e os seres vivos decompositores; na Química, a composição das rochas metamórficas, articulando-se os ciclos biogeoquímicos.

Sobre essa questão, afirma Russel (1986, p. 2): "A biogeoquímica é a parte da geoquímica que estuda a influência dos seres vivos sobre a composição química da Terra, caracteriza-se pelas interações existentes entre hidrosfera, litosfera e atmosfera e pode ser bem explorada a partir dos ciclos biogeoquímicos".

> **Preste atenção!**
>
> Adotamos o termo *biogeoquímica* como forma de indicar as complexas relações existentes entre as matérias viva e não viva da biosfera, suas propriedades e modificações ao longo do tempo, a fim de aproximar ou interligar saberes biológicos, geológicos e químicos.

Os **ciclos biogeoquímicos** do carbono, do nitrogênio, do fósforo, do enxofre e o ciclo hidrológico são importantes para articular a biogeoquímica, a química, a biologia e a física.

A BNCC do ensino fundamental contempla o ensino do ciclo hidrológico no ensino de ciências para o 5º ano (Brasil, 2018a, p. 341) e dos ciclos biogeoquímicos no ensino médio (Brasil, 2018a, p. 554).

Apresentamos a seguir algumas sugestões de atividades planejadas conforme a BNCC. É importante destacar que o professor deve levar em consideração o perfil dos estudantes, os recursos didático-pedagógicos, o contexto da escola e, principalmente, seus conhecimentos, sua experiência pedagógica e sua autonomia, para adaptar, desenvolver ou criar atividades.

SUGESTÕES DE ATIVIDADES DE ACORDO COM A BNCC

Atividade 1

Ensino fundamental – anos iniciais
Ano de escolaridade: 5º ano
Unidade temática: Matéria e energia

Competência:

"Utilizar diferentes linguagens e tecnologias digitais de informação e comunicação para se comunicar, acessar e disseminar informações, produzir conhecimentos e resolver problemas das Ciências da Natureza de forma crítica, significativa, reflexiva e ética" (Brasil, 2018a, p. 324).

Objeto de conhecimento:
- Consumo consciente
- Reciclagem

Habilidade: EF05CI05

"**(EF05CI05)** Construir propostas coletivas para um consumo mais consciente e criar soluções tecnológicas para o descarte adequado e a reutilização ou reciclagem de materiais consumidos na escola e/ou na vida cotidiana" (Brasil, 2018a, p. 341).

Proposta de atividade

Criar um jogo para que os estudantes possam identificar os materiais que podem ser reciclados.

Após o desenvolvimento do jogo, solicitar que os estudantes representem, por meio de desenhos, os materiais que podem ser reciclados.

Avaliação

A avaliação pode ser elaborada via observação, durante o desenvolvimento do jogo, e pela análise da atividade de desenho.

Atividade 2

Ensino fundamental – anos iniciais
Ano de escolaridade: 5ª ano
Unidade temática: Matéria e energia

Competência:

"Utilizar diferentes linguagens e tecnologias digitais de informação e comunicação para se comunicar, acessar e disseminar informações, produzir conhecimentos e resolver problemas das Ciências da Natureza de forma crítica, significativa, reflexiva e ética" (Brasil, 2018a, p. 324).

Objeto de conhecimento:

> Consumo consciente
> Reciclagem

Habilidade: EF05CI05

"**(EF05CI05)** Construir propostas coletivas para um consumo mais consciente e criar soluções tecnológicas para o descarte adequado e a reutilização ou reciclagem de materiais consumidos na escola e/ou na vida cotidiana" (Brasil, 2018a, p. 341).

Proposta de atividade

Orientar os estudantes para que elaborem cartazes sobre a reciclagem dos resíduos sólidos e depois os exponham nos murais da sala de aula e em outros espaços da escola.

A produção de cartazes pode ser realizada de forma interdisciplinar com as áreas de língua portuguesa e artes.

Avaliação

A avaliação pode ser realizada analisando-se a escrita e a estética dos cartazes produzidos.

Pare e pense

Como preservar o meio ambiente?

Bibliografia

BRASIL. Ministério do Meio Ambiente. Ministério da Educação. Instituto Brasileiro de Defesa do Consumidor. **Consumo sustentável**: manual de educação. Brasília, 2005. Disponível em: <http://portal.mec.gov.br/dmdocuments/publicacao8.pdf>. Acesso em: 16 jul. 2024.

Atividade 3

Ensino fundamental – anos finais

Ano de escolaridade: 6º ano

Unidade temática: Matéria e energia

Objeto de conhecimento:

Misturas homogêneas e heterogêneas

Competências específicas de ciências da natureza para o ensino fundamental:

"Analisar, compreender e explicar características, fenômenos e processos relativos ao mundo natural, social e tecnológico (incluindo o digital), como também as relações que se estabelecem entre eles, exercitando a curiosidade para fazer perguntas, buscar respostas e criar soluções (inclusive tecnológicas) com base em conhecimentos das Ciências da Natureza" (Brasil, 2018a, p. 324).

Habilidade: EF06CI01

"**(EF06CI01)** Classificar como homogênea ou heterogênea a mistura de dois ou mais materiais (água e sal, água e óleo, água e areia etc.)" (Brasil, 2018a, p. 345).

Proposta de atividade

Realizar um experimento sobre misturas homogêneas e heterogêneas.

O professor deve planejar o experimento com o uso de substâncias e materiais presentes no cotidiano.

Os estudantes devem elaborar hipóteses sobre os métodos de separação das misturas.

As hipóteses levantadas devem ser analisadas com o desenvolvimento do experimento, para verificar se são verdadeiras ou falsas.

A partir do experimento, o professor pode elaborar um questionário com duas perguntas sobre as misturas.

Sugestões de atividades complementares

a) Com base na mistura heterogênea de água e óleo, realizar uma discussão sobre a importância de descartar o óleo de cozinha para que possa ser reciclado.

b) Os estudantes podem pesquisar na escola se o óleo de cozinha é separado para o descarte adequado.

Avaliação

A avaliação deve ser processual e contínua.

O questionário sobre o experimento pode ser a atividade avaliativa.

> **Pare e pense**
>
> Quais são os efeitos do descarte incorreto do óleo de cozinha para o meio ambiente e a sociedade?
>
> **Bibliografia**
>
> SANTOS, W. L. P dos; MÓL, G. (Coord.). Química e sociedade: ensino médio. São Paulo: Nova Geração, 2005. (Volume único).

SÍNTESE

Neste capítulo, abordamos a organização dos conteúdos do ensino de ciências naturais no ensino fundamental, mostrando que a ciência como elaboração humana para uma compreensão do mundo é uma meta para o ensino da área nessa etapa da educação básica.

Evidenciamos que, graças à forte influência das tendências educacionais e do contexto social no qual o estudante está inserido, diferentes propostas para o ensino de ciências naturais têm sido apresentadas no decorrer dos últimos anos, contribuindo para o desenvolvimento da educação.

Sobre essa questão, você pôde perceber que a seleção de conteúdos no ensino de ciências naturais deve priorizar a formação do estudante de modo que possa atender às suas reais necessidades sociais de maneira contextualizada.

Apresentamos também os conteúdos do ensino de ciências naturais nos anos iniciais e finais do ensino fundamental, os quais se estruturam em "Matéria e energia", "Vida e evolução" e "Terra e Universo", enfatizando que estes devem ser ensinados de forma que estejam relacionados entre si.

Por fim, tratamos da relação entre os conteúdos ministrados e as diferentes ciências – como astronomia, biologia, física, geociências e química –, demonstrando que a integração entre elas favorece a apropriação de aspectos teórico-metodológicos que envolvem o aprendizado de tais ciências.

Tendo compreendido essa relação, esperamos que você tenha percebido que a integração de conteúdos dessas ciências, por meio de um caráter interdisciplinar, possibilita o aprendizado do conhecimento científico, uma vez que gera representações do mundo ao buscar a compreensão sobre o Universo, o espaço, o tempo, a matéria, o ser humano, a vida e seus processos e transformações.

INDICAÇÕES CULTURAIS

DOCUMENTO

CARTA da Terra. Disponível em: <http://ambientes.ambientebrasil.com.br/natural/carta_da_terra/carta_da_terra.html>. Acesso em: 9 ago. 2024.

A Carta da Terra é um documento que trata da responsabilidade do homem na sociedade e no meio ambiente. Ela estabelece princípios como respeito e cuidado em relação à comunidade da vida, à integridade ecológica, à justiça social e econômica, à democracia, à não violência e à paz. Essa carta permite a reflexão e o desenvolvimento do senso crítico de professores e educandos, com vistas à construção da cidadania e do conhecimento.

VÍDEO

No vídeo a seguir você vai encontrar tudo o que você precisa saber sobre a dengue, desde conhecimentos sobre os sintomas até os locais em que se pode buscar atendimento. São abordados também os cuidados para eliminar o mosquito e a importância da vacinação.

BRASIL. Ministério da Saúde. Como se prevenir da dengue, saber seus sintomas e combater o mosquito. 27 mar. 2024. Disponível em: <https://www.youtube.com/watch?v=FMhz_rzAPrk>. Acesso em: 16 jul. 2024.

ATIVIDADES DE AUTOAVALIAÇÃO

[1] A interdisciplinaridade pode ser definida da seguinte forma:
    [A] É um procedimento que facilita o aprendizado dos conceitos científicos, tornando-os compreensíveis para o aluno.

[B] Trata-se da problematização do conhecimento científico.

[C] Trata-se da contextualização do conhecimento científico.

[D] É caracterizada pela intensidade das trocas entre os especialistas e pelo grau de interação real das disciplinas no interior de um mesmo projeto de pesquisa.

[2] De acordo com a BNCC (Brasil, 2018a), relacione as unidades temáticas aos objetos de conhecimento:

[I] Matéria e energia

[II] Vida e evolução

[III] Terra e Universo

[A] Busca-se a compreensão de características da Terra, do Sol, da Lua e de outros corpos celestes – suas dimensões, composição, localizações, movimentos e forças que atuam entre eles. Ampliam-se experiências de observação do céu, do planeta Terra, particularmente das zonas habitadas pelo ser humano e demais seres vivos, bem como de observação dos principais fenômenos celestes.

[B] Propõe o estudo de questões relacionadas aos seres vivos (incluindo os seres humanos), suas características e necessidades, e a vida como fenômeno natural e social, os elementos essenciais à sua manutenção e à compreensão dos processos evolutivos que geram a diversidade de formas de vida no planeta.

Estudam-se características dos ecossistemas destacando-se as interações dos seres vivos com outros seres vivos e com os fatores não vivos do ambiente, com destaque para as interações que os seres humanos estabelecem entre si e com os demais seres vivos e elementos não vivos do ambiente.

[C] Contempla o estudo de materiais e suas transformações, fontes e tipos de energia utilizados na vida em geral, na perspectiva de construir conhecimento sobre a natureza da matéria e os diferentes usos da energia.

Agora, assinale a alternativa que apresenta a associação correta:
[A] I-b; II-a; III-c.
[B] I-a; II-b; III-c.
[C] I-c; II-b; III-a.
[D] I-a; II-c; III-b.

[3] Sobre a unidade temática "Vida e evolução" para o ensino fundamental, estabelecida na BNCC (Brasil, 2018a), são feitas as seguintes afirmativas:

[I] Propõe o estudo de questões relacionadas aos seres vivos (incluindo os seres humanos), suas características e necessidades, e a vida como fenômeno natural e social, os elementos essenciais à sua manutenção e à compreensão dos processos evolutivos que geram a diversidade de formas de vida no planeta.

[II] Estudam-se características dos ecossistemas destacando-se as interações dos seres vivos com outros seres vivos e com os fatores não vivos do ambiente.

[III] Aborda-se a importância da preservação da biodiversidade e como ela se distribui nos principais ecossistemas brasileiros.

[IV] Busca-se a compreensão de características da Terra, do Sol, da Lua e de outros corpos celestes – suas dimensões, composição, localizações, movimentos e forças que atuam entre eles.

Agora, assinale a alternativa que apresenta as afirmativas corretas:

[A] I, II, IV e V.
[B] II e III.
[C] III e V.
[D] I, II e III.

[4] Sobre o ensino de ciências, são feitas as seguintes afirmações:

[I] No documento da BNCC, é recomendado que o ensino das ciências naturais seja feito contemplando-se a contextualização, a problematização, a investigação e a interdisciplinaridade.

[II] É necessário que se trabalhe a história da ciência.

[III] A experimentação problematizadora no ensino de ciências possibilita o desenvolvimento do senso crítico do estudante.

[IV] O desenvolvimento de atividades que permitam o trabalho dos conteúdos baseados em temas geradores pode proporcionar a alfabetização científica do estudante.

Agora, assinale a alternativa que apresenta as afirmativas corretas:

[A] I, II e III.
[B] II e III.
[C] I, II, III e IV.
[D] I e II.

[5] De acordo com Russel (1986), a biogeoquímica pode ser definida da seguinte forma:

[A] É o estudo das reações orgânicas que ocorrem no meio ambiente.
[B] É o estudo dos fenômenos químicos.
[C] É o estudo dos fenômenos físicos.
[D] É a parte da geoquímica que estuda a influência dos seres vivos sobre a composição química da Terra, caracterizando-se pelas interações existentes entre hidrosfera, litosfera e atmosfera. Pode ser bem explorada a partir dos ciclos biogeoquímicos.

ATIVIDADES DE APRENDIZAGEM

QUESTÕES PARA REFLEXÃO

[1] Como trabalhar os conteúdos das áreas de ciências naturais, como a química, a física e a biologia, de forma interdisciplinar?

[2] Qual é o valor social do conhecimento científico?

ATIVIDADES APLICADAS: PRÁTICA

[1] Visita ao jardim botânico

Planeje uma visita de campo ao jardim botânico de sua cidade e solicite que os alunos:

[A] anotem os nomes científicos das plantas;

[B] pesquisem as principais características das plantas;

[C] pesquisem a distribuição geográfica das plantas;

[D] escolham uma planta (individualmente) que conheceram no jardim botânico, para pesquisar sobre os principais nutrientes importantes para seu crescimento, suas características etc.;

[E] observem se a planta escolhida vive em uma região de pleno sol ou em uma região sombreada;

[F] observem os animais presentes no jardim botânico;

[G] pesquisem sobre a forma como os animais conseguem energia para sobreviver.

[2] Leitura orientada: articulando a física e a astronomia

Leia o seguinte artigo:

CARVALHO, S. H. M. de. Uma viagem pela física e astronomia através do teatro e da dança. Física na Escola, v. 7, n. 1, p. 11-16, 2006. Disponível em: <http://www.sbfisica.org.br/fne/Vol7/Num1/v12a04.pdf>. Acesso em: 16 jul. 2024.

Oriente o desenvolvimento da peça teatral apresentada no artigo com os alunos do ensino fundamental. Esse artigo também pode servir de base para que o professor desenvolva outras peças teatrais relacionadas com a disciplina de Ciências, adequadas a cada etapa de aprendizagem.

quatro...

As ciências da natureza no ensino médio

Liane Maria Vargas Barboza

Neste capítulo, abordaremos a organização da Base Nacional Comum Curricular (BNCC) com relação ao ensino médio, destacando os princípios do ensino médio, os componentes curriculares da área das ciências da natureza e suas tecnologias e os itinerários formativos.

Também apresentaremos os conteúdos das ciências da natureza e suas tecnologias, evidenciando o propósito de propiciar uma melhor compreensão dos conceitos científicos e do papel da ciência em face dos acontecimentos diários.

Veremos a importância de conteúdos e temas dos componentes curriculares Química, Física e Biologia serem ensinados de forma contextualizada, problematizada, interdisciplinar e com aprofundamento.

4.1 A BASE NACIONAL COMUM CURRICULAR (BNCC) E O ENSINO MÉDIO

A BNCC é uma política educacional que precisa ser discutida no âmbito da escola com os professores das diversas áreas do conhecimento e a equipe pedagógica para o planejamento do currículo, levando-se em consideração o perfil dos estudantes, a localização da escola e os conhecimentos de estudantes e professores.

As orientações educacionais propostas na BNCC articuladas às aprendizagens essenciais para desenvolvimento de competências, possibilita que o professor planeje ações didático-pedagógicas para o ensino significativo dos conteúdos das ciências naturais.

O desenvolvimento de competências na aprendizagem dos estudantes ao longo da educação básica, é um dos fundamentos pedagógicos enfatizados pela BNCC para uma aprendizagem significativa.

Para a BNCC (2018, p.13), "as decisões pedagógicas devem estar orientadas para o desenvolvimento de competências". Conforme é destacado no documento:

por meio da indicação clara do que os alunos devem "saber" (considerando a constituição de conhecimentos, habilidades, atitudes e valores) e, sobretudo, do que devem "saber fazer" (considerando a mobilização desses conhecimentos, habilidades, atitudes e valores para resolver demandas complexas da vida cotidiana, do pleno exercício da cidadania e do mundo do trabalho), a explicitação das competências oferece referências para o fortalecimento de ações que assegurem as aprendizagens essenciais definidas na BNCC (Brasil, 2018a, p. 13).

Nesse sentido, os estudantes devem aprender conceitos, conteúdos e temas pertinentes às áreas de conhecimento, bem como desenvolver competências e habilidades.

De acordo com a Resolução n. 3, de 21 de novembro de 2018, da Câmara de Educação Básica (CEB) do Conselho Nacional de Educação (CNE), que atualiza as Diretrizes Curriculares Nacionais para o Ensino Médio, as **competências** dizem respeito à "mobilização de conhecimentos, habilidades, atitudes e valores, para resolver demandas complexas da vida cotidiana, do pleno exercício da cidadania e do mundo do trabalho" (Brasil, 2018b, p. 2).

Já as **habilidades** são os "conhecimentos em ação, com significado para a vida, expressas em práticas cognitivas, profissionais e socioemocionais, atitudes e valores continuamente mobilizados, articulados e integrados" (Brasil, 2018b, p. 3).

Conforme o art. 5º da Resolução CNE/CEB n. 3/2018,

Art. 5º O ensino médio em todas as suas modalidades de ensino e as suas formas de organização e oferta, além dos princípios gerais estabelecidos para a educação nacional no art. 206 da Constituição Federal e no art. 3º da LDB, será orientado pelos seguintes princípios específicos:

I – formação integral do estudante, expressa por valores, aspectos físicos, cognitivos e socioemocionais;

II – projeto de vida como estratégia de reflexão sobre trajetória escolar na construção das dimensões pessoal, cidadã e profissional do estudante;

III – pesquisa como prática pedagógica para inovação, criação e construção de novos conhecimentos;

IV – respeito aos direitos humanos como direito universal;

V – compreensão da diversidade e realidade dos sujeitos, das formas de produção e de trabalho e das culturas;

VI – sustentabilidade ambiental;

VII – diversificação da oferta de forma a possibilitar múltiplas trajetórias por parte dos estudantes e a articulação dos saberes com o contexto histórico, econômico, social, científico, ambiental, cultural local e do mundo do trabalho;

VIII – indissociabilidade entre educação e prática social, considerando-se a historicidade dos conhecimentos e dos protagonistas do processo educativo;

IX – indissociabilidade entre teoria e prática no processo de ensino-aprendizagem. (Brasil, 2018b, p. 2)

Os professores precisam planejar o currículo de forma coletiva, de modo a valorizar os conhecimentos locais e globais, priorizando a integração das famílias nas atividades escolares e os princípios do ensino médio.

A BNCC destaca ações que os professores precisam contemplar no planejamento do currículo:

> › contextualizar os conteúdos dos componentes curriculares, identificando estratégias para apresentá-los, representá-los, exemplificá-los, conectá-los e torná-los significativos, com base na realidade do lugar e do tempo nos quais as aprendizagens estão situadas;
> › decidir sobre formas de organização interdisciplinar dos componentes curriculares e fortalecer a competência pedagógica das equipes escolares para adotar estratégias mais dinâmicas, interativas e colaborativas em relação à gestão do ensino e da aprendizagem;

> selecionar e aplicar metodologias e estratégias didático-pedagógicas diversificadas, recorrendo a ritmos diferenciados e a conteúdos complementares, se necessário, para trabalhar com as necessidades de diferentes grupos de alunos, suas famílias e cultura de origem, suas comunidades, seus grupos de socialização etc.;
> conceber e pôr em prática situações e procedimentos para motivar e engajar os alunos nas aprendizagens;
> construir e aplicar procedimentos de avaliação formativa de processo ou de resultado que levem em conta os contextos e as condições de aprendizagem, tomando tais registros como referência para melhorar o desempenho da escola, dos professores e dos alunos;
> selecionar, produzir, aplicar e avaliar recursos didáticos e tecnológicos para apoiar o processo de ensinar e aprender;
> criar e disponibilizar materiais de orientação para os professores, bem como manter processos permanentes de formação docente que possibilitem contínuo aperfeiçoamento dos processos de ensino e aprendizagem;
> manter processos contínuos de aprendizagem sobre gestão pedagógica e curricular para os demais educadores, no âmbito das escolas e sistemas de ensino.

Fonte: Brasil, 2018a, p. 16-17.

Vale destacar que o professor tem autonomia para planejar aulas, atividades e formas de avaliação. É pertinente que ele valorize todo o conhecimento adquirido em suas experiências pedagógicas e em cursos de formação continuada para o seu planejamento. O perfil do estudante e o local onde está inserida a escola também devem ser levados em consideração.

O ensino médio foi organizado em quatro áreas de conhecimento:

1. Linguagens e suas tecnologias

2. Matemática e suas tecnologias

3. Ciências da natureza e suas tecnologias

4. Ciências humanas e sociais aplicadas

Segundo a BNCC, "Cada área do conhecimento estabelece **competências específicas de área**, cujo desenvolvimento deve ser promovido ao longo dessa etapa, tanto no âmbito da BNCC como dos itinerários formativos das diferentes áreas" (Brasil, 2018a, p. 33, grifo do original).

No Quadro 4.1 são apresentadas as áreas de conhecimento e os respectivos componentes curriculares.

QUADRO 4.1 – ÁREAS DE CONHECIMENTO NO ENSINO MÉDIO CONFORME A BNCC

ÁREAS DE CONHECIMENTO	COMPONENTES CURRICULARES
Ciências da natureza e suas tecnologias	Biologia, Física e Química
Ciências humanas e sociais aplicadas	História, Geografia, Sociologia e Filosofia
Matemática e suas tecnologias	Matemática
Linguagens e suas tecnologias	Arte, Educação Física, Língua Inglesa e Língua Portuguesa

Fonte: Elaborado com base em Brasil, 2018a.

Ainda, é possível observar que as habilidades são identificadas por um código alfanumérico, cuja composição é explicada a seguir.

Código alfanumérico: EM13CNT103

em que:

EM: etapa do ensino médio.

13: "O primeiro par de números (13) indica que as habilidades descritas podem ser desenvolvidas em qualquer série do Ensino Médio, conforme definição dos currículos" (Brasil, 2018, p. 34).

> **CNT**: "A segunda sequência de letras indica a área (três letras) ou o componente curricular (duas letras)" (Brasil, 2018a, p. 34). Assim,
>
> **LGG** = Linguagens e suas tecnologias
>
> **LP** = Língua Portuguesa
>
> **MAT** = Matemática e suas tecnologias
>
> **CNT** = Ciências da natureza e suas tecnologias
>
> **CHS** = Ciências humanas e sociais aplicadas
>
> **101**: "Os números finais indicam a competência específica à qual se relaciona a habilidade (1º número) e a sua numeração no conjunto de habilidades relativas a cada competência (dois últimos números)" (Brasil, 2018a, p. 34).

Aqui, é preciso observar que

> *o uso de numeração sequencial para identificar as habilidades não representa uma ordem ou hierarquia esperada das aprendizagens. Cabe aos sistemas e escolas definir a progressão das aprendizagens, em função de seus contextos locais.* (Brasil, 2018a, p. 34)

Desse modo, de acordo com o critério descrito, o código alfanumérico **EM13CNT103** "refere-se à terceira habilidade proposta na área de ciências da natureza e suas tecnologias, relacionada à competência específica 1, que pode ser desenvolvida em qualquer série do ensino médio, conforme definições curriculares" (Brasil, 2018a, p. 34).

A BNCC da área de ciências da natureza e suas tecnologias "propõe um aprofundamento nas temáticas Matéria e Energia, Vida e Evolução e Terra e Universo" (Brasil, 2018a, p. 548).

Na temática **Matéria e energia**, no ensino médio, "diversificam-se as situações-problema, referidas nas competências específicas e nas habilidades, incluindo-se aquelas que permitem a aplicação de modelos com maior nível de abstração e que buscam explicar, analisar e prever os efeitos das interações e relações entre matéria e energia" (Brasil, 2018a, p. 549).

Quanto ao tema **Vida, terra e cosmos**,

resultado da articulação das unidades temáticas Vida e Evolução e Terra e Universo desenvolvidas no Ensino Fundamental, propõe-se que os estudantes analisem a complexidade dos processos relativos à origem e evolução da Vida (em particular dos seres humanos), do planeta, das estrelas e do Cosmos, bem como a dinâmica das suas interações, e a diversidade dos seres vivos e sua relação com o ambiente. (Brasil, 2018a, p. 549)

Os temas devem ser abordados com contextualização dos conceitos e dos conteúdos, pois, conforme está estabelecido na BNCC (Brasil, 2018a, p. 547), no ensino médio é preciso: "trabalhar os conhecimentos conceituais da área, contemplando a contextualização social, cultural, ambiental e histórica desses conhecimentos, aos processos e práticas de investigação e às linguagens das Ciências da Natureza". Para tanto, é necessário que o professor trabalhe ciência, tecnologia, sociedade e ambiente (CTSA) articulando a teoria e a prática.

Conforme a BNCC, "na área de Ciências da Natureza, os **conhecimentos conceituais** são sistematizados em leis, teorias e modelos" (Brasil, 2018a, p. 548, grifo do original). Esses conhecimentos são fundamentais para a compreensão dos fenômenos físico-químicos e biológicos e a aplicação dos conhecimentos científicos.

É importante que os conteúdos e temas dos componentes curriculares Química, Física e Biologia sejam ensinados de forma contextualizada, problematizada, interdisciplinar e com aprofundamento. A articulação entre a teoria e a prática precisa estar presente no desenvolvimento das aulas e das atividades.

4.2 COMPETÊNCIAS ESPECÍFICAS E HABILIDADES PREVISTAS PARA O ENSINO MÉDIO

As competências específicas e as habilidades estipuladas para as ciências da natureza e suas tecnologias que devem ser desenvolvidas ao longo da etapa do ensino médio são descritas a seguir.

A competência específica 1 consiste em:

> *Analisar fenômenos naturais e processos tecnológicos, com base nas interações e relações entre matéria e energia, para propor ações individuais e coletivas que aperfeiçoem processos produtivos, minimizem impactos socioambientais e melhorem as condições de vida em âmbito local, regional e global.* (Brasil, 2018a, p. 554)

Os processos produtivos têm relação direta com os impactos no ambiente e na qualidade de vida de pessoas e animais. Os fenômenos naturais podem ser explicados pela química, pela física, pela biologia e por outras ciências, como a matemática e as ciências da computação. Estudos sobre os fenômenos naturais e os processos tecnológicos envolvem os conhecimentos de matéria e energia, os quais são essenciais para a compreensão do entendimento científico.

(EM13CNT101) Analisar e representar, com ou sem o uso de dispositivos e de aplicativos digitais específicos, as transformações e conservações em sistemas que envolvam quantidade de matéria, de energia e de movimento para realizar previsões sobre seus comportamentos em situações cotidianas e em processos produtivos que priorizem o desenvolvimento sustentável, o uso consciente dos recursos naturais e a preservação da vida em todas as suas formas.

(EM13CNT102) Realizar previsões, avaliar intervenções e/ou construir protótipos de sistemas térmicos que visem à sustentabilidade, considerando sua composição e os efeitos das variáveis termodinâmicas sobre seu funcionamento, considerando também o uso de tecnologias digitais que auxiliem no cálculo de estimativas e no apoio à construção dos protótipos.

(EM13CNT103) Utilizar o conhecimento sobre as radiações e suas origens para avaliar as potencialidades e os riscos de sua aplicação em equipamentos de uso cotidiano, na saúde, no ambiente, na indústria, na agricultura e na geração de energia elétrica.

(EM13CNT104) Avaliar os benefícios e os riscos à saúde e ao ambiente, considerando a composição, a toxicidade e a reatividade de diferentes materiais e produtos, como também o nível de exposição a eles, posicionando-se criticamente e propondo soluções individuais e/ou coletivas para seus usos e descartes responsáveis.

(EM13CNT105) Analisar os ciclos biogeoquímicos e interpretar os efeitos de fenômenos naturais e da interferência humana sobre esses ciclos, para promover ações individuais e/ou coletivas que minimizem consequências nocivas à vida.

(EM13CNT106) Avaliar, com ou sem o uso de dispositivos e aplicativos digitais, tecnologias e possíveis soluções para as demandas que envolvem a geração, o transporte, a distribuição e o consumo de energia elétrica, considerando a disponibilidade de recursos, a eficiência energética, a relação custo/benefício, as características geográficas e ambientais, a produção de resíduos e os impactos socioambientais e culturais.

> **(EM13CNT107)** Realizar previsões qualitativas e quantitativas sobre o funcionamento de geradores, motores elétricos e seus componentes, bobinas, transformadores, pilhas, baterias e dispositivos eletrônicos, com base na análise dos processos de transformação e condução de energia envolvidos – com ou sem o uso de dispositivos e aplicativos digitais –, para propor ações que visem a sustentabilidade.

Fonte: Brasil, 2018a, p. 555.

A competência específica 2 consiste em:

> *Analisar e utilizar interpretações sobre a dinâmica da Vida, da Terra e do Cosmos para elaborar argumentos, realizar previsões sobre o funcionamento e a evolução dos seres vivos e do Universo, e fundamentar decisões éticas e responsáveis.* (Brasil, 2018a, p. 556)

Para a competência 2, as habilidades a serem desenvolvidas são listadas a seguir.

HABILIDADES

(EM13CNT201) Analisar e discutir modelos, teorias e leis propostos em diferentes épocas e culturas para comparar distintas explicações sobre o surgimento e a evolução da Vida, da Terra e do Universo com as teorias científicas aceitas atualmente.

(EM13CNT202) Analisar as diversas formas de manifestação da vida em seus diferentes níveis de organização, bem como as condições ambientais favoráveis e os fatores limitantes a elas, com ou sem o uso de dispositivos e aplicativos digitais (como *softwares* de simulação e de realidade virtual, entre outros).

(EM13CNT203) Avaliar e prever efeitos de intervenções nos ecossistemas, e seus impactos nos seres vivos e no corpo humano, com base nos mecanismos de manutenção da vida, nos ciclos da matéria e nas transformações e transferências de energia, utilizando representações e simulações sobre tais fatores, com ou sem o uso de dispositivos e aplicativos digitais (como *softwares* de simulação e de realidade virtual, entre outros).

(EM13CNT204) Elaborar explicações, previsões e cálculos a respeito dos movimentos de objetos na Terra, no Sistema Solar e no Universo com base na análise das interações gravitacionais, com ou sem o uso de dispositivos e aplicativos digitais (como *softwares* de simulação e de realidade virtual, entre outros).

(EM13CNT205) Interpretar resultados e realizar previsões sobre atividades experimentais, fenômenos naturais e processos tecnológicos, com base nas noções de probabilidade e incerteza, reconhecendo os limites explicativos das ciências.

(EM13CNT206) Discutir a importância da preservação e conservação da biodiversidade, considerando parâmetros qualitativos e quantitativos, e avaliar os efeitos da ação humana e das políticas ambientais para a garantia da sustentabilidade do planeta.

(EM13CNT207) Identificar, analisar e discutir vulnerabilidades vinculadas às vivências e aos desafios contemporâneos aos quais as juventudes estão expostas, considerando os aspectos físico, psicoemocional e social, a fim de desenvolver e divulgar ações de prevenção e de promoção da saúde e do bem-estar.

(EM13CNT208) Aplicar os princípios da evolução biológica para analisar a história humana, considerando sua origem, diversificação, dispersão pelo planeta e diferentes formas de interação com a natureza, valorizando e respeitando a diversidade étnica e cultural humana.

(EM13CNT209) Analisar a evolução estelar associando-a aos modelos de origem e distribuição dos elementos químicos no Universo, compreendendo suas relações com as condições necessárias ao surgimento de sistemas solares e planetários, suas estruturas e composições e as possibilidades de existência de vida, utilizando representações e simulações, com ou sem o uso de dispositivos e aplicativos digitais (como *softwares* de simulação e de realidade virtual, entre outros).

Fonte: Brasil, 2018a, p. 557.

A competência específica 3 consiste em:

> *Investigar situações-problema e avaliar aplicações do conhecimento científico e tecnológico e suas implicações no mundo, utilizando procedimentos e linguagens próprios das Ciências da Natureza, para propor soluções que considerem demandas locais, regionais e/ou globais, e comunicar suas descobertas e conclusões a públicos variados, em diversos contextos*

e por meio de diferentes mídias e tecnologias digitais de informação e comunicação (TDIC). (Brasil, 2018a, p. 558)

Para a competência 3, as habilidades que precisam ser desenvolvidas são listadas a seguir.

> **HABILIDADES**
>
> **(EM13CNT301)** Construir questões, elaborar hipóteses, previsões e estimativas, empregar instrumentos de medição e representar e interpretar modelos explicativos, dados e/ou resultados experimentais para construir, avaliar e justificar conclusões no enfrentamento de situações-problema sob uma perspectiva científica.
>
> **(EM13CNT302)** Comunicar, para públicos variados, em diversos contextos, resultados de análises, pesquisas e/ou experimentos, elaborando e/ou interpretando textos, gráficos, tabelas, símbolos, códigos, sistemas de classificação e equações, por meio de diferentes linguagens, mídias, tecnologias digitais de informação e comunicação (TDIC), de modo a participar e/ou promover debates em torno de temas científicos e/ou tecnológicos de relevância sociocultural e ambiental.

(EM13CNT303) Interpretar textos de divulgação científica que tratem de temáticas das Ciências da Natureza, disponíveis em diferentes mídias, considerando a apresentação dos dados, tanto na forma de textos como em equações, gráficos e/ou tabelas, a consistência dos argumentos e a coerência das conclusões, visando construir estratégias de seleção de fontes confiáveis de informações.

(EM13CNT304) Analisar e debater situações controversas sobre a aplicação de conhecimentos da área de Ciências da Natureza (tais como tecnologias do DNA, tratamentos com células-tronco, neurotecnologias, produção de tecnologias de defesa, estratégias de controle de pragas, entre outros), com base em argumentos consistentes, legais, éticos e responsáveis, distinguindo diferentes pontos de vista.

(EM13CNT305) Investigar e discutir o uso indevido de conhecimentos das Ciências da Natureza na justificativa de processos de discriminação, segregação e privação de direitos individuais e coletivos, em diferentes contextos sociais e históricos, para promover a equidade e o respeito à diversidade.

(EM13CNT306) Avaliar os riscos envolvidos em atividades cotidianas, aplicando conhecimentos das Ciências da Natureza, para justificar o uso de equipamentos e recursos, bem como comportamentos de segurança, visando à integridade física, individual e coletiva, e socioambiental, podendo fazer uso de dispositivos e aplicativos digitais que viabilizem a estruturação de simulações de tais riscos.

(EM13CNT307) Analisar as propriedades dos materiais para avaliar a adequação de seu uso em diferentes aplicações (industriais, cotidianas, arquitetônicas ou tecnológicas) e/ou propor soluções seguras e sustentáveis considerando seu contexto local e cotidiano.

(EM13CNT308) Investigar e analisar o funcionamento de equipamentos elétricos e/ou eletrônicos e sistemas de automação para compreender as tecnologias contemporâneas e avaliar seus impactos sociais, culturais e ambientais.

(EM13CNT309) Analisar questões socioambientais, políticas e econômicas relativas à dependência do mundo atual em relação aos recursos não renováveis e discutir a necessidade de introdução de alternativas e novas tecnologias energéticas e de materiais, comparando diferentes tipos de motores e processos de produção de novos materiais.

(EM13CNT310) Investigar e analisar os efeitos de programas de infraestrutura e demais serviços básicos (saneamento, energia elétrica, transporte, telecomunicações, cobertura vacinal, atendimento primário à saúde e produção de alimentos, entre outros) e identificar necessidades locais e/ou regionais em relação a esses serviços, a fim de avaliar e/ou promover ações que contribuam para a melhoria na qualidade de vida e nas condições de saúde da população.

Fonte: Brasil, 2018a, p. 559-560.

4.3 ITINERÁRIOS FORMATIVOS

De acordo com o art. 6º, inciso III, da Resolução CNE/CEB n. 3/2018, itinerários formativos são

> III – [...] cada conjunto de unidades curriculares ofertadas pelas instituições e redes de ensino que possibilitam ao estudante aprofundar seus conhecimentos e se preparar para o prosseguimento de estudos ou para o mundo do trabalho de forma a contribuir para a construção de soluções de problemas específicos da sociedade. (Brasil, 2018b, p. 2)

Segundo a Portaria n. 1.432, de 28 de dezembro de 2018, do Ministério da Educação, os objetivos dos itinerários formativos são:

- *Aprofundar as aprendizagens relacionadas às competências gerais, às Áreas de Conhecimento e/ou à Formação Técnica e Profissional;*

- *Consolidar a formação integral dos estudantes, desenvolvendo a autonomia necessária para que realizem seus projetos de vida;*

- *Promover a incorporação de valores universais, como ética, liberdade, democracia, justiça social, pluralidade, solidariedade e sustentabilidade; e*

- *Desenvolver habilidades que permitam aos estudantes ter uma visão de mundo ampla e heterogênea, tomar decisões e agir nas mais diversas situações, seja na escola, seja no trabalho, seja na vida.* (Brasil, 2019)

Como é possível observar, os itinerários formativos devem colaborar para a formação do estudante, para que aprofunde os conhecimentos que são objeto de aprendizagem. O ensino integral pode contribuir para o desenvolvimento de atividades didático-pedagógicas que visem à aquisição de novos conhecimentos com aprofundamento, à interação social, ao desenvolvimento da autonomia e ao desenvolvimento do senso crítico. Para tanto, o currículo deve contemplar conhecimentos de interesse dos estudantes. É importante ouvir os estudantes sobre o que gostariam de estudar para complementar seus estudos.

O art. 12 da Resolução CNE/CEB n. 3/2018 estabelece:

> *Art. 12. A partir das áreas do conhecimento e da formação técnica e profissional, os itinerários formativos devem ser organizados, considerando:*
>
> *[...]*
>
> *III – ciências da natureza e suas tecnologias: aprofundamento de conhecimentos estruturantes para aplicação de diferentes conceitos em contextos sociais e de trabalho, organizando arranjos curriculares que permitam estudos em astronomia, metrologia, física geral, clássica, molecular, quântica e mecânica, instrumentação, ótica, acústica, química dos produtos naturais, análise de fenômenos físicos e químicos, meteorologia e climatologia, microbiologia, imunologia e parasitologia, ecologia, nutrição, zoologia, dentre outros, considerando o contexto local e as possibilidades de oferta pelos sistemas de ensino.*
> (Brasil, 2018b, p. 7)

As unidades curriculares dos itinerários formativos devem ser adequadas ao nível de aprendizagem dos estudantes. Para organizar as unidades dos itinerários formativos, é importante consultar os estudantes para verificar o interesse de novos aprendizados. A escola deve ter a infraestrutura apropriada para a oferta dos itinerários formativos, e o corpo docente deve ser habilitado na área para desenvolvê-los.

A escola pode promover palestras de profissionais que já atuam no mercado de trabalho para explicar sobre o exercício de várias profissões, possibilitando momentos de aquisição de novos conhecimentos, reflexões e questionamentos sobre o dia a dia vivenciado na profissão. Os pais podem ser convidados para ministrar palestras sobre suas profissões. Essa pode ser uma forma de aproximar a escola da comunidade. Outro exemplo de atividade muito interessante é a visita a feiras de profissões de instituições de ensino superior, que podem subsidiar orientações sobre as profissões para os estudantes.

O diálogo dos estudantes com pais, professores, pedagogos e profissionais pode colaborar para que os estudantes reflitam e busquem mais informações sobre as prováveis profissões que gostariam de exercer. Professores universitários de diversos cursos podem ser convidados para realizar uma palestra na escola sobre os cursos.

Pais e professores devem incentivar os estudantes a ingressar no ensino superior, pois novos conhecimentos poderão ser adquiridos e construídos para a formação profissional.

A articulação entre a universidade e a escola é muito importante para a formação de professores e estudantes. Programas de iniciação científica contribuem para a formação científica, pessoal e cultural dos estudantes do ensino médio.

Os **eixos estruturantes** dos itinerários formativos são: investigação científica, processos criativos, mediação e intervenção sociocultural e empreendedorismo.

> **EIXOS ESTRUTURANTES DOS ITINERÁRIOS FORMATIVOS**
>
> **Investigação científica**
>
> "Este eixo tem como ênfase ampliar a capacidade dos estudantes de investigar a realidade, compreendendo, valorizando e aplicando o conhecimento sistematizado, por meio da realização de práticas e produções científicas relativas a uma ou mais Áreas de Conhecimento, à Formação Técnica e Profissional, bem como a temáticas de seu interesse" (Brasil, 2019).

Processos criativos

"Este eixo tem como ênfase expandir a capacidade dos estudantes de idealizar e realizar projetos criativos associados a uma ou mais Áreas de Conhecimento, à Formação Técnica e Profissional, bem como a temáticas de seu interesse" (Brasil, 2019).

Mediação e intervenção sociocultural

"Este eixo tem como ênfase ampliar a capacidade dos estudantes de utilizar conhecimentos relacionados a uma ou mais Áreas de Conhecimento, à Formação Técnica e Profissional, bem como a temas de seu interesse para realizar projetos que contribuam com a sociedade e o meio ambiente" (Brasil, 2019).

Empreendedorismo

"Este eixo tem como ênfase expandir a capacidade dos estudantes de mobilizar conhecimentos de diferentes áreas para empreender projetos pessoais ou produtivos articulados ao seu projeto de vida" (Brasil, 2019).

Professores e pedagogos podem desenvolver atividades que levem os estudantes a refletir sobre o projeto de vida, a trajetória escolar na construção das dimensões pessoal, cidadã e profissional do estudante. Essas atividades podem contar com a participação dos pais.

A construção dos conhecimentos das áreas de química, física e biologia precisa ser enfatizada no planejamento e no desenvolvimento das aulas e atividades dos estudantes. A leitura crítica, a pesquisa científica, o letramento científico e os conteúdos específicos devem ser abordados com aprofundamento em cada área do conhecimento.

SUGESTÕES DE ATIVIDADES DE ACORDO COM A BNCC

1º série do ensino médio

Atividade 1 – Ciclo da água

O professor deve explicar o ciclo da água. A explicação pode ser feita com o auxílio do infográfico da representação do ciclo da água apresentado no livro didático ou por meio da lousa digital.

Com base na explicação, o professor pode pedir que os estudantes desenvolvam a seguinte atividade:

a) Solicitar que os estudantes escrevam sobre a importância do ciclo da água para os ecossistemas.

Esta atividade contempla a competência específica 1 e a habilidade EM13CNT105.

Competência específica 1

"Analisar fenômenos naturais e processos tecnológicos, com base em relações entre matéria e energia, para propor ações individuais e coletivas que aperfeiçoem processos produtivos, minimizem impactos socioambientais e melhorem as condições de vida em âmbito local, regional e/ou global" (Brasil, 2018a, p. 554).

Habilidade

"(**EM13CNT105**) Analisar os ciclos biogeoquímicos e interpretar os efeitos de fenômenos naturais e da interferência humana sobre esses ciclos, para promover ações individuais e/ou coletivas que minimizem consequências nocivas à vida" (Brasil, 2018a, p. 555).

Sugestões de atividades complementares

a) Reconhecer os elementos químicos presentes na composição da água e representar a ligação química presente na molécula da água.

b) Realizar um experimento no laboratório ou na sala de aula para simular o ciclo da água.

Avaliação

A atividade avaliativa deve ser o registro da importância do ciclo da água para os ecossistemas.

Pare e pense

Como o ciclo da água contribui para sociedade?

Bibliografia

SANTOS, W. L. P. dos; MÓL, G. (Coord.) **Química cidadã**: ensino médio. 3. ed. São Paulo: AJS, 2016. (Coleção Química Cidadã, v. 1).

1ª série do ensino médio

Atividade 2 – Biodiversidade e preservação

O estudante deve escrever sobre a importância da biodiversidade e sua preservação.

Esta atividade pode ser realizada no laboratório de informática, com a orientação do professor.

Esta atividade contempla a competência específica 2 e a habilidade EM13CNT206.

Competência específica 2

"Analisar e utilizar interpretações sobre a dinâmica da Vida, da Terra e do Cosmos para elaborar argumentos, realizar previsões sobre o funcionamento e a evolução dos seres vivos e do Universo, e fundamentar decisões éticas e responsáveis" (Brasil, 2018a, p. 556).

Habilidade

"**(EM13CNT206)** Discutir a importância da preservação e conservação da biodiversidade, considerando parâmetros qualitativos e quantitativos, e avaliar os efeitos da ação humana e das políticas ambientais para a garantia da sustentabilidade do planeta" (Brasil, 2018a, p. 557).

Sugestões de atividades complementares

1) Realizar uma roda de conversa para discutir a biodiversidade e sua preservação.

2) Pesquisar sobre os animais que estão na lista de extinção.

Avaliação

A atividade avaliativa deve ser a entrega do trabalho escrito sobre a importância da biodiversidade e sua preservação.

Pare e pense

Quais ações posso desenvolver para contribuir para a preservação da biodiversidade?

Bibliografia

NATIONAL GEOGRAPHIC. **O que é a biodiversidade e como preservá-la?** 20 jul. 2022. Disponível em: <https://www.nationalgeographicbrasil.com/meio-ambiente/2022/07/o-que-e-a-biodiversidade-e-como-preserva-la>. Acesso em: 16 jul. 2024.

3ª série do ensino médio

Atividade 3 – Petróleo

O estudante deve pesquisar a produção diária de barris de petróleo no Brasil e relatar os riscos socioambientais relacionados com o consumo de combustíveis fósseis.

Esta atividade contempla a competência específica 3 e a habilidade EM13CNT309.

Competência específica 3

"Investigar situações-problema e avaliar aplicações do conhecimento científico e tecnológico e suas implicações no mundo, utilizando procedimentos e linguagens próprios das Ciências da Natureza, para propor soluções que considerem demandas locais, regionais e/ou globais, e comunicar suas descobertas e conclusões a públicos variados, em diversos contextos e por meio de diferentes mídias e tecnologias digitais de informação e comunicação (TDIC)" (Brasil, 2018a, p. 558).

Habilidade

"**(EM13CNT309)** Analisar questões socioambientais, políticas e econômicas relativas à dependência do mundo atual em relação aos recursos não renováveis e discutir a necessidade de introdução de alternativas e novas tecnologias energéticas e de materiais, comparando diferentes tipos de motores e processos de produção de novos materiais" (Brasil, 2018a, p. 560)

Sugestões de atividades complementares:
> Com base no livro didático, elaborar, em equipe, um cartaz que mostre a torre de destilação do petróleo.
> Considerando os produtos obtidos pela destilação do petróleo, pesquisar a aplicabilidade no dia a dia.
> Elaborar um fôlder para promover a divulgação dos transportes sustentáveis.

Avaliação

A avaliação deve ser processual e contínua. Para esta atividade, pode ser considerada a pesquisa sobre a produção diária de barris de petróleo no Brasil, bem como o relato acerca dos riscos socioambientais relacionados com o consumo de combustíveis fósseis.

Pare e pense

Na cidade em que você reside, há ciclofaixas?

Bibliografia

PETROBRAS. **Exploração e produção de petróleo**. Disponível em: <https://petrobras.com.br/pt/nossas-atividades/areas-de-atuacao/exploracao-e-producao-de-petroleo-e-gas/>. Acesso em: 16 mar. 2024.

SÍNTESE

Neste capítulo, tratamos da organização do ensino médio para as ciências da natureza e suas tecnologias, considerando os princípios, as competências, as habilidades e os itinerários formativos previstos para essa etapa da educação básica.

Abordamos a importância de os conteúdos e temas dos componentes curriculares Biologia, Física e Química serem ensinados de forma contextualizada, problematizada, interdisciplinar e com aprofundamento.

Vimos também que a construção dos conhecimentos da área de ciências da natureza precisa ser enfatizada no planejamento das aulas e das atividades dos estudantes. A leitura crítica, a pesquisa científica, o letramento científico e os conteúdos específicos devem ser abordados com aprofundamento em cada área do conhecimento.

Apresentamos algumas sugestões de atividades a serem desenvolvidas no ensino médio, evidenciando que podem ser adaptadas e complementadas, de acordo com o nível de ensino e a aprendizagem dos estudantes.

Neste capítulo, também foi possível verificar a importância de o professor planejar atividades que contribuam para o conhecimento das profissões, as quais podem contar com a participação de pais, professores, pedagogos e profissionais.

Aqui, cabe destacar a articulação das escolas com as instituições de ensino superior (IES) para viabilizar a participação dos estudantes da educação básica em programas e projetos dessas instituições e para a aquisição de conhecimentos sobre os cursos.

PARA SABER MAIS

Para saber mais sobre os **eixos estruturantes dos itinerários formativos**, consulte:

BRASIL. Ministério da Educação. Conselho Nacional de Educação. Câmara de Educação Básica. Resolução n. 3, de 21 de novembro de 2018. **Diário Oficial da União**, Brasília, DF, 22 nov. 2018. Disponível em: <http://portal.mec.gov.br/index.php?option=com_docman&view=download&alias=102481-rceb003-18&category_slug=novembro-2018-pdf&Itemid=30192>. Acesso em: 25 ago. 2024.

Para saber mais sobre os **itinerários formativos**, consulte:

BRASIL. Ministério da Educação. Portaria n. 1432, de 28 de dezembro de 2018. **Diário Oficial da União**, Brasília, DF, 5 abr. 2019. Disponível em: <https://www.in.gov.br/materia/-/asset_publisher/Kujrw0TZC2Mb/content/id/70268199>. Acesso em: 16 jul. 2024.

INDICAÇÕES CULTURAIS

LIVRO

DELIZOICOV, D.; ANGOTTI, J. A.; PERNAMBUCO, M. M. Ensino de ciências: fundamentos e métodos. 5. ed. São Paulo: Cortez, 2018.

A obra aborda os conhecimentos da área de ciências da natureza e o fazer pedagógico. Os autores enfocam a educação em ciências e a prática, a ciência e ciências na escola, os conhecimentos escolares e não escolares e os temas de ensino e a escola.

VISITA ORIENTADA

A visita orientada a um museu de sua cidade pode contribuir para novos aprendizados de diversas áreas do conhecimento.

ATIVIDADES DE AUTOAVALIAÇÃO

[1] A respeito das áreas de conhecimento do ensino médio, assinale V para as afirmativas verdadeiras e F para as falsas:
[ ] Linguagens e suas tecnologias
[ ] Ciências humanas e suas tecnologias
[ ] Matemáticas e suas tecnologias
[ ] Ciências da natureza e suas tecnologias
[ ] Ciências humanas e sociais aplicadas

A sequência correta é:
[A] V, F, F, V.
[B] F, V, F, F, V.
[C] F, F, V, F, V.
[D] V, F, V, V, V.

[2] Assinale a alternativa correta sobre os itinerários formativos:

[A] São definidos como unidades curriculares ofertadas pelas instituições e redes de ensino que possibilitam ao estudante se preparar para o mundo do trabalho.

[B] São um conjunto de unidades curriculares ofertadas pelas instituições e redes de ensino que possibilitam ao estudante aprofundar seus conhecimentos e se preparar para o prosseguimento de estudos ou para o mundo do trabalho de forma a contribuir para a construção de soluções de problemas específicos da sociedade.

[C] Trata-se de um conjunto de unidades curriculares ofertadas pelas instituições e redes de ensino que possibilitam ao estudante aprofundar seus conhecimentos.

[D] São definidos como um conjunto de unidades curriculares ofertadas pelas instituições e redes de ensino estaduais que possibilitam ao estudante contribuir para a construção de soluções de problemas específicos da sociedade.

[3] A Resolução CNE/CEB n. 3/2018 (Brasil, 2018b) estabelece, no art. 5º, os princípios específicos do ensino médio. Sobre isso, assinale V para verdadeiro e F para falso:

[ ] Formação integral do estudante, expressa por valores, aspectos físicos e cognitivos.

[ ] Projeto de vida como estratégia de reflexão sobre a trajetória escolar na construção das dimensões pessoal, cidadã e profissional do estudante.

[ ] Pesquisa como prática pedagógica para inovação, criação e construção de novos conhecimentos.

[ ] Respeito aos direitos humanos como direito universal.

[ ] Aprendizagem teórica.

A sequência correta é:
[A] F, F, V, V, V.
[B] F, V, F, F, F.
[C] V, V, V, V, F.
[D] V, F, V, F, V.

[4] Assinale a alternativa correta sobre a competência específica 1 do ensino médio:

[A] Analisar fenômenos naturais e processos tecnológicos para propor ações individuais e coletivas que aperfeiçoem processos produtivos, minimizem impactos socioambientais e melhorem as condições de vida em âmbito local, regional e global.

[B] Analisar fenômenos naturais e processos tecnológicos, com base nas interações e relações entre matéria e energia, para propor ações individuais e coletivas que aperfeiçoem processos produtivos.

[C] Analisar fenômenos naturais para propor ações individuais e coletivas que aperfeiçoem processos produtivos, minimizem impactos socioambientais e melhorem as condições de vida em âmbito local, regional e global.

[D] Analisar fenômenos naturais e processos tecnológicos, com base nas interações e relações entre matéria e energia, para propor ações individuais e coletivas que aperfeiçoem processos produtivos, minimizem impactos socioambientais e melhorem as condições de vida em âmbito local, regional e global.

[5] Assinale a resposta correta sobre o aprofundamento das temáticas estabelecidas na BNCC (Brasil, 2018a):

[A] Matéria e energia, vida e evolução e Terra e Universo.

[B] Vida e energia, vida e evolução e Terra e Universo.

[C] Matéria e energia, vida e Universo.

[D] Água e energia, vida e evolução e Terra e Universo.

ATIVIDADES DE APRENDIZAGEM

QUESTÕES PARA REFLEXÃO

[1] Como articular a teoria e a prática no processo de ensino e aprendizagem?

[2] Quais atividades investigativas relacionadas ao cotidiano podem ser planejadas para trabalhar no ensino médio?

ATIVIDADES APLICADAS: PRÁTICA

[1] Organize um experimento para a identificação do pH de alguns alimentos.

[2] Organize um experimento sobre a qualidade da água.

[3] Planeje uma visita orientada a um museu de sua cidade ou ao museu de ciências de uma instituição de ensino superior de sua cidade.

cinco...

Princípios de sistematização do ensino de ciências: do método científico ao método de ensino

Diane Lucia de Paula Armstrong Fernandes
Liane Maria Vargas Barboza

No capítulo anterior, enfatizamos a importância da seleção de conteúdos no ensino das ciências biológicas e dos demais componentes das ciências da natureza no ensino médio, tendo em vista uma melhor compreensão dos conceitos científicos e do papel da ciência em face dos acontecimentos diários.

Neste capítulo, abordaremos os diferentes métodos de ensino e aprendizagem e as principais características do método científico, visando contribuir para a melhoria do processo educativo.

Você será apresentado aos conceitos de *método* e *metodologia*, de modo a identificar os aspectos que os diferenciam, bem como às definições de *método científico* e *método de ensino*, suas principais características e a forma como são desenvolvidos no processo de ensino e aprendizagem dos conteúdos científicos.

Por fim, pretendemos demonstrar como as diferentes metodologias de ensino aplicadas podem contribuir no processo de construção do conhecimento científico.

5.1 METODOLOGIA DE ENSINO

A ciência procura transmitir informações, de modo coerente e formal, utilizando-se de métodos sistematizados de observação que possibilitam às pessoas produzir conhecimentos.

Em uma sociedade dominada pela ciência e pela tecnologia, o acesso à informação é obtido pelos mais diversos meios de comunicação, acarretando uma chegada rápida do conhecimento, que contribui para atender às necessidades pessoais e sociais do indivíduo, sobretudo no que se refere à saúde, à qualidade de vida, ao meio ambiente, à política e à economia.

No entanto, as implicações desse conhecimento devem ser compreendidas, para que o indivíduo possa viver em sociedade, interpretar os fatos do cotidiano e se posicionar em face dos avanços científicos e tecnológicos no contexto atual.

Um aspecto a ser considerado é que as informações repassadas pela ciência são produzidas por diferentes métodos, devendo-se notar que

> *as formas e os caminhos através dos quais são produzidos conhecimentos na ciência são tão ricos,*

diversificados, multiformes e dependentes do tempo e do contexto histórico, que a crença no monopólio de um único método é uma quimera que equivale a tornar o estudioso um autômato passivo, sem imaginação, sem iniciativa, sem ambições, sem criatividade. (Peduzzi; Raicik, 2020, p. 33)

Posto isso, pelo que vimos até agora, é importante definirmos **método**.

Alguns autores – dos quais falaremos a seguir – apresentam suas definições para explicar o que é método; porém, cada definição depende do enfoque pelo qual ele é analisado. Apesar dessas diferenças, tais autores compartilham a mesma ideia sobre a concepção desse conceito. Assim, entre várias versões, você será apresentado a algumas interpretações com o objetivo de esclarecer de alguma forma o que o método representa.

Segundo Nérici (1981, p. 266), o termo *método*, derivado do latim *methodus*, etimologicamente significa "caminho para se chegar a um fim, para se alcançar um objetivo". Didaticamente, conforme Nérici (1992), o conceito de método está vinculado ao planejamento de ensino, tendo em vista que o caminho utilizado para alcançar os objetivos estipulados em um planejamento de ensino ocorre por meio do método empregado.

Marconi e Lakatos (2022, p. 33) consideram que método "é o conjunto das atividades sistemáticas e racionais que, com maior segurança e economia, permite alcançar o objetivo – conhecimentos válidos e verdadeiros –, traçando o caminho a ser seguido, detectando erros e auxiliando as decisões do cientista".

Podemos dizer ainda que, de acordo com Bastos e Keller (1999, p. 95), "o método é um procedimento de investigação e controle que se adota para o desenvolvimento rápido e eficiente de uma atividade qualquer".

> Com base nos conceitos apresentados e tendo em vista o significado da palavra *método* a partir de sua origem grega (*meta* = por meio de; *hodos* = caminho), entendemos que método é um caminho utilizado para alcançar uma meta preestabelecida.

Esse entendimento nos leva a perceber que existem diferenças entre os vários métodos que podem ser utilizados para chegar a determinado resultado e que não há somente um que seja considerado ideal para transmitir uma informação, e sim um conjunto de métodos combinados entre si que conduzem ao resultado esperado.

Pare e pense

E quais métodos de pesquisa devem ser utilizados?

Entre os mais usuais, destacamos o **método dedutivo** e o **método indutivo**, os quais se diferenciam quanto ao modo de elaborar uma teoria científica.

Segundo Bastos e Keller (1999, p. 95), a dedução é um discurso mental pelo "qual a inteligência passa do conhecido ao desconhecido, ou seja, descobre uma verdade a partir de outras que já conhece. Já a indução é o método que parte da enumeração de experiências ou casos particulares para chegar a conclusões de ordem universal".

Mesmo apresentando diferenças quanto ao modo de elaborar uma teoria científica, os dois métodos podem ser utilizados com esse propósito, como veremos na sequência.

Método dedutivo
> Parte de alguma grande ideia ou teoria que, por meio de experiências, poderia ou não ser confirmada.
> Parte de casos gerais para o particular.

Método indutivo
> Em um trabalho de investigação, o cientista deveria coletar e ordenar os dados obtidos e fazer comparações entre eles, para só depois transmiti-los.
> Testa uma hipótese geral bem fundamentada, que deveria ser testada em uma experiência decisiva.
> Parte de casos particulares para o geral.

No processo de produção de um trabalho científico, cada pesquisador vai escolher e definir uma forma de realizar a pesquisa, ou seja, vai utilizar uma determinada metodologia.

Diante do exposto, após a compreensão do que é método, é necessário entendermos também o que é metodologia.

Metodologia é um conjunto de métodos e técnicas utilizados para levantar informações sobre um objeto de estudo. Algumas ações e procedimentos precisam ser planejados e implementados para conseguirmos realizar pesquisas confiáveis.

Em outra concepção, a **metodologia de ensino** pode ser compreendida como "o conjunto de procedimentos didáticos, representados por métodos e técnicas de ensino que visam levar a bom termo a ação didática, que é alcançar os objetivos do ensino e, consequentemente, os da educação, com mínimo esforço e máximo rendimento" (Nérici, 1981, p. 266).

A metodologia de ensino se configura como o centro da prática pedagógica, em que um conjunto de métodos e regras aplicados é desenvolvido como um roteiro geral que vai direcionar a prática docente com vistas a promover a aprendizagem do estudante. Daí sua importância no processo educacional.

Assim, a metodologia de ensino, dentro de suas especificidades, abriga os métodos, as estratégias e os recursos a serem adotados pelo professor, a fim de que os objetivos por ele preestabelecidos na aquisição do conhecimento sejam alcançados.

Simplificando

A metodologia de ensino se refere às situações do processo de ensino e aprendizagem em que um conjunto de métodos é aplicado no processo pedagógico, a fim de conduzir a prática docente.

Na prática docente, busca-se manter o interesse do estudante em aprender e produzir conhecimentos, sendo que a metodologia de ensino aplicada pelo professor deve promover a inter-relação entre o conteúdo ensinado, o método aplicado, a técnica e a avaliação desenvolvidas durante o período letivo.

A educação escolar, nos dias de hoje, tem sido fortemente influenciada pelos avanços científicos e tecnológicos, os quais facilitaram o acesso à informação e ao conhecimento, refletindo na forma de o professor ensinar e conduzir suas aulas.

Em razão disso, as tradicionais formas de ensinar, tendo o professor como o detentor do conhecimento, não conseguiu acompanhar essa evolução, acarretando a necessidade de aprimoramento e reestruturação das práticas docentes.

Considera-se que a aprendizagem se constitui em um processo contínuo e dinâmico, e isso requer do professor, ao ministrar suas aulas, o cuidado de não se limitar ao uso de apenas um tipo de metodologia, pois o processo de ensino e aprendizagem precisa ser dinâmico, ativo, reflexivo e colaborativo.

Nesse aspecto, Schroeder (2007, p. 296) argumenta: "as intervenções deliberadas do professor são muito importantes no desencadeamento de processos que poderão determinar o desenvolvimento intelectual dos seus estudantes, a partir da aprendizagem dos conteúdos escolares, ou, mais especificamente, dos conceitos científicos".

Sabe-se que o entendimento dos conteúdos pertinentes aos componentes curriculares Ciências, Biologia, Química e Física depende da compreensão dos conceitos, das simbologias, dos nomes e das fórmulas, tendo em vista que essas disciplinas têm linguagens específicas para representarem seu objeto de estudo.

Embora haja tantas formas de abordar os conteúdos científicos, estes ainda são ensinados por meio de analogias, macetes e memorização de fórmulas, no sistema de transmissão e recepção de conteúdos, o qual não estabelece uma relação entre o que está sendo ensinado e a vida diária do estudante.

Considera-se que essa forma de ensino acarreta a falta de interesse dos estudantes e a dificuldade da aprendizagem dos conteúdos dessa área do conhecimento. As metodologias nas quais os conceitos e os conteúdos ensinados não têm articulação com o contexto social em que o estudante se encontra não possibilitam a aprendizagem significativa.

Em oposição às práticas pedagógicas centradas apenas na transmissão de conteúdos, tem-se buscado a aplicação de metodologias de ensino que priorizem o acesso do estudante ao conhecimento científico e favoreçam seu aprendizado na formação de conceitos que o ajudarão a entender os fenômenos ocorridos ao seu redor.

Diante desse cenário, no ensino das ciências naturais, à medida que a metodologia aplicada durante a aula já não se mostra tão atrativa a ponto de estimular o estudante a querer aprender os conteúdos ensinados e a apropriação desse conhecimento não ocorre de forma eficaz, verifica-se a necessidade de o professor redirecionar sua prática pedagógica, modificando sua metodologia de ensino.

Ao discorrer sobre a necessidade de o professor alterar a metodologia de ensino, Nérici (1992, p. 54) afirma que esta "deve ser encarada como um meio e não um fim, pelo que deve haver, por parte do professor, disposição para alterá-la, sempre que sua crítica sobre a mesma o sugerir. Assim, não se deve ficar escravizado à mesma, como se fosse algo sagrado, definitivo, imutável".

Considerando-se que as metodologias utilizadas em sala de aula nem sempre promovem a efetiva construção do conhecimento por parte do estudante, para melhorar esse quadro, recomenda-se o uso de metodologias diferenciadas.

Entretanto, para trabalhar de forma diferenciada com uma turma de estudantes, é necessário, antes de tudo, conhecê-la bem, identificar suas dificuldades, seus limites, pois, desse modo, o professor poderá definir com clareza as melhores estratégias e os melhores métodos a serem aplicados para alcançar o objetivo esperado.

A metodologia aplicada pelo professor pode ser considerada um processo de construção pessoal, uma vez que é desenvolvida ao longo de sua experiência profissional. De fato,

muito embora encontremos, atualmente, formas diferenciadas de ensino tradicional, configuradas em função do estilo cognitivo do professor, não parece haver dúvidas de que a prática pedagógica de cada professor manifesta suas concepções de ensino, de aprendizagem e de conhecimento, como também suas crenças seus sentimentos, seus compromissos políticos e sociais. (Schnetzler; Aragão, 2006, p. 158)

5.2 MÉTODO CIENTÍFICO

Ao longo da história, o homem utilizou diferentes métodos para explicar os fatos que observava ao seu redor; porém, entendeu que havia a necessidade de investigar os diferentes fenômenos de um modo mais preciso e objetivo.

Para tanto, ele se apropriou de um método organizado de trabalho, com criteriosa observação, interpretação e explicação dos fatos, o que lhe permitiu realizar importantes descobertas para a humanidade.

Esse método de trabalho corresponde ao que se costuma chamar de *método científico*, um conjunto de etapas a serem seguidas ordenadamente cujo propósito é esclarecer os questionamentos propostos na investigação de um fenômeno.

Em geral, para que um método seja compreendido como científico, algumas etapas fundamentais são quase sempre seguidas, as quais, segundo Souza (1995), Cotrim (2002) e Aranha e Martins (2003), são as seguintes:

> **Observação**: é a forma de obter dados iniciais sobre a investigação que se quer fazer.
> **Hipótese**: é a suposição de um fato a ser testado, uma explicação provisória que venha a ser verificada na pesquisa que está sendo realizada.
> **Experimentação**: é o conjunto de técnicas realizadas diversas vezes com o objetivo de testar a hipótese formulada.
> **Generalização**: é a conclusão a que se chega por meio da comparação dos resultados obtidos e das análises desses resultados após a realização dos experimentos.
> **Teoria e modelo**: é o enunciado universal para explicar os fenômenos observados.

A sequência dessas etapas constitui o método científico e é utilizada no trabalho das ciências experimentais, desempenhando um papel importante para que o conhecimento científico seja alcançado.

A esse respeito, Moreira e Ostermann (1993, p. 108) afirmam que "principalmente no ensino de ciências nas séries iniciais é bastante comum os professores enfatizarem a aprendizagem do método científico. Mais importante do que aprender significados corretos de alguns conceitos científicos é aprender as etapas do método científico".

Muito embora as etapas do método científico aqui descritas não sejam sempre todas seguidas e não sejam regra geral para se fazer uma investigação científica, elas são importantes para que os objetivos de uma pesquisa sejam atingidos.

> Desse modo, a realização de observações criteriosas, a elaboração de hipóteses a respeito do problema, a testagem da hipótese formulada por meio da experimentação, a interpretação e a análise da hipótese testada, bem como a generalização e a proposição de uma teoria explicativa para o fato observado, caracterizam uma das formas pelas quais a ciência busca interpretar e explicar os fenômenos.

Entre esses procedimentos, cabe destacar que a experimentação pode contribuir muito para o ensino de Ciências, Biologia, Física e Química, pois, além de promover a socialização de informações entre alunos e professores e assegurar a aprendizagem dos conceitos científicos, é uma estratégia significativa para se fazer a contextualização dos conteúdos dessa área do conhecimento.

Nas aulas de ciências da natureza, as atividades experimentais são comumente apontadas pelos estudantes como mais interessantes e motivadoras, quando comparadas às aulas tradicionais teóricas. Isso acontece porque, por meio dos experimentos, o estudante consegue relacionar o que foi abordado na teoria com o que foi realizado na prática.

A realização de atividades experimentais em sala de aula pode ocorrer por meio da utilização de experimentos simples, desenvolvidos de forma contextualizada e problematizada, visando à interação do estudante-professor e o desenvolvimento do espírito investigativo para aprendizagem dos conhecimentos científicos.

5.3 MÉTODO DE ENSINO

Como você pôde verificar, a metodologia de ensino é constituída por métodos e técnicas que objetivam conduzir o trabalho docente com vistas à efetivação do aprendizado do estudante.

Esses métodos e técnicas representam os recursos metodológicos de que se pode lançar mão (Nérici, 1981), tendo em vista que o método de ensino deve se configurar em um processo dinâmico, o qual pode ser modificado de acordo com a realidade do professor.

> O método de ensino se caracteriza como um conjunto de ações adotadas pelo professor para ministrar o conteúdo. A escolha do método a ser aplicado em sala de aula deve refletir em resultados melhores no processo de ensino e aprendizagem, dando subsídios para o professor identificar os problemas de aprendizagem do estudante e avaliá-los, assim como perceber e analisar os erros e acertos durante o processo.

Desse modo, o professor pode buscar soluções e definir as estratégias de ação para sua prática docente, as quais são necessárias para que todo o seu planejamento seja reestruturado no momento em que ele achar necessário.

A reestruturação da prática pedagógica do professor é enfatizada por Gil-Pérez e Carvalho (2000, p. 18), quando dizem que

> *a complexidade da atividade docente deixa de ser vista como um obstáculo à eficácia e um fator de desânimo, para tornar-se um convite a romper com a inércia de um ensino monótono e sem perspectivas, e, assim, aproveitar a enorme criatividade potencial da atividade docente.*

A atividade docente precisa ser desenvolvida com dinamismo, criatividade e interesse. Para tanto, o professor deve desenvolver algumas competências e habilidades e planejar suas ações objetivando sistematizar sua ação docente.

> O planejamento da ação docente é fundamental no desenvolvimento da prática pedagógica, pois possibilita que o professor reflita sobre os objetivos educacionais e curriculares que pretende alcançar.

Para Farias et al. (2009, p. 107), "o planejamento é uma ação reflexiva, viva e contínua. Nesse sentido, o professor precisa avaliar a sua práxis docente, visando identificar os possíveis erros e acertos didático-pedagógicos no processo de ensino e aprendizagem". Esse fazer deve ser constante, uma vez que pode proporcionar mudanças no planejamento e no desenvolvimento das aulas.

> **Pare e pense**
> O que o professor deve levar em consideração ao selecionar uma metodologia que seja adequada para ensinar um conteúdo?

Para selecionar uma metodologia adequada ao conteúdo ensinado, o professor deve considerar a especificidade da área de conhecimento, o perfil dos estudantes, os objetivos preestabelecidos para o ensino do conteúdo e do tema da aula, as condições da estrutura física da escola, os recursos didático-pedagógicos e o tempo disponível.

Sobre a escolha da estratégia de ensino, Farias et al. (2009, p. 320) reforçam que, "para escolher uma estratégia de ensino, o professor deve considerar, além dos fins educativos, a adequação ao conteúdo programático, às características dos alunos, aos recursos materiais e ao tempo disponível para o estudo".

A **exposição oral** é uma estratégia de aprendizagem frequente na sala de aula. Normalmente, o professor transmite o conhecimento sem contextualizar, problematizar ou trabalhar os aspectos sociais pertinentes.

Já na **exposição dialogada**, o professor valoriza os conhecimentos prévios dos estudantes, contextualiza, problematiza e procura trabalhar os aspectos sociais, éticos, políticos, econômicos e sociais do assunto abordado.

De acordo com Farias et al. (2009, p. 134-135), na prática pedagógica,

a exposição dialogada responde a três objetivos: abrir um tema para estudo; fazer uma síntese do assunto explorado; alimentar o processo de conhecimento mediante a socialização de recentes descobertas, atualização de dados e apresentação de novas fontes de informação. Sua execução é constituída dos seguintes momentos: contextualização do tema, visando mobilizar os alunos para o estudo pela apresentação de situações-problemas, fatos, casos ilustrativos; a exposição propriamente dita; e a síntese integradora.

O **estudo dirigido** consiste em fazer o aluno estudar um assunto tendo como base um roteiro elaborado pelo professor. Esse roteiro estabelece a extensão e a profundidade do estudo (Haydt, 2006, p. 159). Ao professor cabe produzir roteiros que envolvam tarefas operatórias capazes de mobilizar e dinamizar as operações cognitivas.

Já as **aulas de demonstração** no ensino de Biologia servem, principalmente, para apresentar à classe: técnicas, fenômenos, espécimes etc. Sobre isso, Krasilchik (2008, p. 85), afirma que "a demonstração é justificada em casos nos quais o professor deseja economizar tempo ou não dispõe de material em quantidade suficiente para toda a classe".

As **aulas práticas** se consolidam como uma estratégia de ensino eficaz na aprendizagem de conceitos científicos, podendo ser desenvolvidas nos laboratórios de ciências, na sala de aula e em ambientes não formais de ensino, como museus, cinemas, planetários, aquários, parques, zoológicos, praças, instituições de pesquisa, entre outros.

A abordagem de fatos do cotidiano no desenvolvimento das aulas práticas é uma forma de despertar o interesse e incentivar a participação ativa do estudante no processo de aprendizagem. De acordo com Hofstein e Lunneta (1982), citados por Krasilchik (2008, p. 85),

as principais funções das aulas práticas, reconhecidas na literatura sobre o ensino de ciências, são: despertar e manter o interesse dos alunos; envolver os estudantes em investigações científicas; desenvolver a capacidade de resolver problemas; compreender conceitos básicos; desenvolver habilidades.

As aulas práticas permitem a articulação entre a teoria e a prática e, por isso, ao desenvolvê-las, o professor precisa fazer um bom planejamento.

> **Pare e pense**
> Como fazer um bom planejamento?

O **método de projetos** permite trabalhar os conteúdos por meio de temas geradores. Estes devem ser selecionados de acordo com o cotidiano dos estudantes, a fim de que tenham significado para eles e despertem o interesse no estudo.

O trabalho com o método de projetos possibilita que o professor organize atividades didático-pedagógicas que trabalhem os aspectos sociais, políticos, econômicos, históricos, éticos e ambientais, de acordo com a temática do projeto em estudo.

> Segundo Krasilchik (2008, p. 110), "projetos são atividades executadas por um estudante ou por uma equipe de estudantes para resolver um problema, as quais resultam em relatório, modelo, enfim, em um produto final concreto".

A participação dos estudantes nos projetos deve acontecer já no início do desenvolvimento da atividade, na escolha do tema, pois dessa maneira é possível verificar o interesse dos estudantes e, assim, trabalhar a temática tendo em vista o cotidiano deles.

> **Preste atenção!**
>
> O professor tem o papel mediador no desenvolvimento do projeto. Ele deve planejar as atividades juntamente com os estudantes e orientar todas as ações, além de acompanhar o desenvolvimento, a obtenção e a discussão dos resultados.

O método de projeto permite a participação ativa e efetiva dos estudantes, além de possibilitar o desenvolvimento de habilidades e competências.

De acordo com Nogueira (2007, p. 85), "fica destacada a importância da postura do professor nesta etapa do projeto, pois tanto melhor será o planejamento dos alunos quanto mais o professor questioná-los".

Os questionamentos possibilitam a participação dos estudantes no planejamento das ações a serem realizadas no desenvolvimento do projeto. É nesse momento que os estudantes refletem, discutem, argumentam sobre as atividades que querem realizar.

Durante o planejamento, o estudante deve ter em mente as respostas aos questionamentos apresentados a seguir, realizados pelo professor.

QUADRO 5.1 – QUESTIONAMENTOS PARA PLANEJAMENTO DO PROJETO

O quê?	Sobre o que falaremos/pesquisaremos? O que faremos neste projeto?
Por quê?	Por que vamos tratar deste tema? Quais são os objetivos?
Como?	Como realizaremos esse projeto? Como operacionalizaremos? Como poderemos dividir as atividades entre os membros do grupo? Como apresentaremos o projeto?
Quando?	Quando realizaremos as etapas planejadas?
Quem?	Quem realizará cada uma das atividades? Quem se responsabilizará pelo o quê?
Recursos	Quais serão os recursos – materiais e humanos – necessários para a perfeita realização do projeto?

Fonte: Nogueira, 2007, p. 86.

As ações do projeto poderão ser modificadas durante o seu desenvolvimento. Novas ações poderão ser planejadas e implementadas, assim como algumas ações poderão ser substituídas por outras.

É importante que o projeto seja pensado e planejado de forma interdisciplinar para que haja a integração de conteúdos e o diálogo de estudantes e professores com outras áreas do conhecimento. O desenvolvimento de projetos temáticos e interdisciplinares pode contribuir para a aprendizagem significativa dos conteúdos da área de ciências da natureza e para a autonomia dos estudantes.

Para que haja uma aprendizagem significativa, é necessário que o professor trabalhe os conteúdos curriculares relacionados com o cotidiano dos estudantes de forma contextualizada, interdisciplinar e problematizada. Ao fazê-lo, é importante que leve em consideração os conhecimentos prévios dos estudantes, identificando o que eles já sabem e o que precisa ser trabalhado.

5.4 IMPLICAÇÕES PEDAGÓGICAS QUE ENVOLVEM O MÉTODO DE INVESTIGAÇÃO CIENTÍFICA E A PRODUÇÃO DO CONHECIMENTO

A realização de pesquisas como estratégia de ensino para os componentes das ciências da natureza pode contribuir para a alfabetização científica do estudante, destacando os procedimentos de investigação científica como instrumentos necessários para a produção do conhecimento.

Seguindo um método organizado e sistemático, que é o método científico, a pesquisa científica se consolida por um processo que busca respostas para solucionar uma situação-problema.

A **pesquisa científica**, segundo Bastos e Keller (1999, p. 55), "é uma investigação metódica acerca de um assunto determinado com o objetivo de esclarecer aspectos do objeto em estudo".

O objetivo da pesquisa deve estar relacionado com o objeto de estudo, ou seja, o tema. A delimitação do problema precisa estar relacionado diretamente com o objetivo da pesquisa e é essencial no planejamento da pesquisa para a aquisição de novos conhecimentos sobre o tema. A rigorosidade metódica é importante para a obtenção de resultados confiáveis.

> **Preste atenção!**
>
> Para efetivar uma pesquisa, é necessário que o pesquisador tenha um conhecimento adequado na área que pretende abordar, subentendendo-se, pois, a exigência de uma qualificação científica que advém da atuação profissional e do empenho intelectual.
>
> Nesse sentido, Oliveira Netto (2006, p. 7) explica que
>
> *é a partir da consideração dos conhecimentos científicos adquiridos que podemos dimensionar o grau de profundidade e extensão com que se pretende abordar o tema. Além disso, o pesquisador deve possuir conhecimentos acerca da tipologia de raciocínios que devem ser utilizados na investigação sistemática do tema definido.*

A pesquisa científica faz parte da formação do professor pesquisador. É importante que o docente realize pesquisas sobre o processo de ensino e aprendizagem para que possa se manter atualizado. A sala de aula é um espaço para a pesquisa e a reflexão acerca de sua prática pedagógica.

Diante das significativas mudanças sociais e educacionais, são muitos os desafios enfrentados pelo professor em seu trabalho docente, havendo cada vez mais a necessidade de cursos de formação continuada voltados para o enfrentamento desses desafios.

Nesse processo de aprendizagem, quando se fala no preparo dos professores para o ensino das ciências da natureza, os cursos de formação continuada podem contribuir para o professor se atualizar quanto às metodologias aplicadas no ensino de conteúdos específicos da área de estudos e de outras áreas do conhecimento, assim como para aprimorar seu conhecimento a respeito da construção do conhecimento científico.

Gil-Pérez e Carvalho (2000, p. 23) afirmam que, para a compreensão do conteúdo ensinado, muitos conhecimentos são necessários por parte do professor, entre os quais podem ser citados:

- *Conhecer os problemas que originaram a construção dos conhecimentos científicos (sem o que os referidos conhecimentos surgem como construções arbitrárias). Conhecer, em especial, quais foram as dificuldades e os obstáculos epistemológicos (o que constitui uma ajuda imprescindível para compreender as dificuldades dos alunos).*

- Conhecer as orientações metodológicas empregadas na construção dos conhecimentos, isto é, a forma como os cientistas abordam os problemas, as características mais notáveis de sua atividade, os critérios de validação e a aceitação das teorias científicas.

- Conhecer as interações Ciência/Tecnologia/Sociedade associadas à referida construção, sem ignorar o caráter, em geral, dramático, do papel social das Ciências; a necessidade da tomada de decisões.

- Ter algum conhecimento dos desenvolvimentos científicos recentes e suas perspectivas, para poder transmitir uma visão dinâmica, não fechada, da Ciência. Adquirir, do mesmo modo, conhecimentos de outras matérias relacionadas, para poder abordar problemas afins, as interações entre os diferentes campos e os processos de unificação.

- Saber selecionar conteúdos adequados que deem uma visão correta da Ciência e que sejam acessíveis aos alunos e suscetíveis de interesse.

- Estar preparado para aprofundar os conhecimentos e para adquirir outros novos.

Sobre a formação de professores e a mudança da prática docente, Gil-Pérez e Carvalho (2000, p. 15) argumentam: "trata-se de orientar o trabalho de formação dos professores como uma pesquisa dirigida, contribuindo, assim, de forma funcional e efetiva, para a transformação de suas concepções iniciais".

A participação em eventos para cursos de formação continuada é de fundamental importância para a prática docente, já que estes contribuem para a qualificação profissional do professor, o aprimoramento e a ampliação de seus conhecimentos e a posterior melhoria de sua prática pedagógica.

Gil-Pérez e Carvalho (2000) mencionam ainda que, nos cursos de formação de professores de Ciências, é importante trabalhar a história da ciência como forma de associar os conhecimentos científicos aos problemas que originaram sua construção. Dessa forma, viabiliza-se uma visão dinâmica, não fechada, da ciência e enfatizam-se os aspectos históricos e sociais que marcaram o processo de construção do conhecimento científico.

Segundo Abrantes e Martins (2007, p. 321), "a aplicação prática do conhecimento produzido não pode estar alheia ao conhecimento científico que está em processo de construção". Nesse contexto, os autores destacam:

> *parece-nos que discutir a produção do conhecimento, com base na afirmação da unidade contraditória que caracteriza a relação sujeito e objeto, pressupõe considerar a necessidade de desenvolvimento do pensamento resultante da apropriação dos saberes historicamente produzidos, bem como abordar aspectos indissociavelmente implicados que se desdobram nessa discussão. Se, por um lado, a produção do conhecimento está implicada com o conhecimento já produzido – e, portanto, com processos de ensino escolar; por outro, o processo de construção desse conhecimento não está imune à determinação das necessidades práticas do ser humano.* (Abrantes; Martins, 2007, p. 321)

No contexto atual, o ensino de ciências biológicas e dos demais componentes das ciências da natureza precisa abordar os aspectos históricos, políticos, éticos, econômicos, sociais e ambientais, uma vez que, para entender a ciência de hoje, é necessário conhecer sua construção histórica e trabalhar os aspectos relacionados aos conteúdos e temas curriculares, a fim de ajudar o estudante a saber ler o mundo em que vive e a se posicionar criticamente diante das situações enfrentadas em seu dia a dia.

Nesse viés, é necessário que o professor estimule a **busca do conhecimento** dos aspectos históricos e sociais por meio da indicação de *sites* didáticos, filmes e livros, *e-books*, bem como de visitas orientadas a museus, parques e espaços da escola e outros espaços culturais.

A leitura de textos científicos e de textos literários relacionados à área de ciências da natureza pode colaborar para a aquisição de conhecimentos e proporcionar o desenvolvimento de competências e habilidades para a leitura, a escrita e a oralidade.

Além disso, o professor pode estimular a construção do conhecimento por meio do planejamento e do desenvolvimento de atividades. Nesse sentido, as **feiras de ciências** são eventos que permitem a exposição, a discussão e a socialização de trabalhos desenvolvidos no lócus da escola.

O desenvolvimento de atividades também pode ser divulgado em **eventos científicos** e em **periódicos**. Para tanto, é necessário atender às normas da língua culta e também à normatização para a redação e a apresentação de trabalhos.

É importante ainda que o conhecimento produzido dentro do espaço escolar ultrapasse os muros da escola, visando à articulação entre essa instituição e a sociedade.

A construção do conhecimento pode se dar também no espaço do **laboratório de ciências** ou em **espaços relacionados à natureza**, onde o estudante possa contemplar, investigar, estudar a biodiversidade e o ambiente.

Acerca da exploração dos ambientes naturais como estratégia de aprendizagem, Gonçalves, Reis e Ribarcki (2017, p. 120) esclarecem que

> *o ensino de ciências e biologia tem como foco o estudo da vida, e nada melhor do que a observação* in loco *para estimular o aprendizado das crianças. É, na verdade, uma estratégia do ensino-aprendizagem que substitui a sala de aula pelo meio ambiente natural. Essas atividades podem ocorrer em distintos lugares, como jardins botânicos, museus, praças, unidades de conservação e outros.*

A realização de atividades que envolvam o contato com a **natureza** nas aulas de ciências é uma estratégia que pode viabilizar a compreensão dos conceitos científicos, pois, segundo Gioppo e Barra (2005, p. 46), "o laboratório do ensino fundamental se inicia com a atitude mais básica do homem: a contemplação e a observação da natureza". No que se refere à concepção das atividades experimentais, Gioppo e Barra (2005, p. 47) afirmam ainda que

> *as atividades de observação/contemplação, de experimentação e de construção não devem, portanto, ser concebidas a partir de um rol de atividades rígidas, mas como um espaço de criação em que o professor, conhecedor dos temas potenciais a serem abordados,*

deve fomentar ações que aflorem nas crianças e adolescentes "a ciência do senso comum", que embasa suas concepções de mundo.

Nesse contexto, as atividades desenvolvidas nos **espaços não formais** de ensino-aprendizagem podem ser muito ricas para a formação científica, cultural e social do estudante, consolidando-se como uma metodologia eficiente e favorável para o exercício da curiosidade e da investigação, condições essenciais para a aprendizagem dos componentes curriculares das ciências da natureza.

> A natureza é um espaço não formal de ensino e aprendizagem que permite a interação homem-natureza e possibilita a articulação entre a teoria e a prática, auxiliando na superação das aulas de *show* de Química ou de Ciências, nas quais os experimentos são realizados sem articulação entre a teoria e a prática.

Cabe ressaltar que a **aula de laboratório** é uma estratégia muito utilizada nas aulas dos componentes das ciências naturais, uma vez que proporciona ao estudante a aproximação entre a teoria e a prática e o aprofundamento entre o conhecimento do tema estudado.

Para a realização das aulas práticas em laboratório, é importante que o professor faça a problematização e a contextualização dos conteúdos abordados no experimento. Desse modo, o estudante terá embasamento para relacionar seus conhecimentos prévios com os conceitos aprendidos, observar e formular hipóteses, analisar os dados e chegar a resultados, tornando mais significativa sua aprendizagem.

A **problematização** é essencial na construção do conhecimento científico, constituindo-se em um processo no qual o estudante analisa, de forma crítica e reflexiva, uma solução-problema apresentada pelo professor. Dessa maneira, o estudante é desafiado a compor suas ideias, encontrar respostas e construir seu conhecimento.

A Base Nacional Comum Curricular (BNCC) destaca que a área de ciências da natureza precisa assegurar o acesso aos procedimentos da investigação científica. A aprendizagem por problematização fica evidenciada nesse documento e

> *pressupõe organizar as situações de aprendizagem partindo de questões que sejam desafiadoras e, reconhecendo a diversidade cultural, estimulem o interesse e a curiosidade científica dos alunos e possibilitem definir problemas, levantar, analisar e representar resultados; comunicar conclusões e propor intervenções.* (Brasil, 2018a, p. 322)

A **contextualização** pode motivar o estudante a aprender o conhecimento ensinado, tornando as aulas mais interessantes. A contextualização dos conteúdos de ciências com base na história permite que o estudante compreenda a evolução da construção do conhecimento.

Para contextualizar o conteúdo abordado, o professor deve tratar também de aspectos econômicos, sociais, tecnológicos, políticos, ambientais e geográficos, visando levar o estudante a compreender a relação entre as diversas ciências.

A contextualização, de acordo com Santos (2007, p. 5), pode ser vista com os seguintes objetivos:

- *desenvolver atitudes e valores em uma perspectiva humanística diante das questões sociais relativas à ciência e à tecnologia;*

- *auxiliar na aprendizagem de conceitos científicos de aspectos relativos à natureza da ciência;*

- *encorajar os alunos a relacionar suas experiências escolares em ciências aos problemas do cotidiano.*

Assim, o professor precisa romper com as metodologias tradicionais e trabalhar de forma contextualizada, interdisciplinar e problematizada. Nesse sentido, muitos métodos e estratégias de ensino podem ser desenvolvidos para ensinar ciências naturais, com destaque para os ensinamentos das ciências biológicas.

O professor como mediador do processo de ensino e aprendizagem deve transmitir os conteúdos de **forma significativa** para os estudantes, ou seja, deve levá-los ao desenvolvimento do espírito crítico e da cidadania. A aproximação dos conteúdos da realidade dos estudantes de maneira reflexiva, crítica, participativa e dialógica promove sua inserção no contexto social.

O enfoque da relação entre ciência, tecnologia e sociedade deve ser trabalhado abordando-se temas que envolvam a concepção do conhecimento científico, suas relações com a tecnologia e suas implicações para a sociedade, bem como sua influência no modo vida em sociedade.

A abordagem da relação existente entre a ciência, a tecnologia e a sociedade pelos componentes curriculares das ciências da natureza é prevista pela BNCC, o que demonstra a importância dessa temática para a educação básica. Na BNCC, "propõe-se também discutir o papel do conhecimento científico e tecnológico na organização social, nas questões ambientais, na saúde humana e na formação cultural, ou seja, analisar as relações entre ciência, tecnologia, sociedade e ambiente" (Brasil, 2018a, p. 549).

Inserir uma visão crítica na abordagem dos temas **ciência, tecnologia e sociedade** (CTS) no ensino de ciências da natureza possibilita despertar o senso crítico e a formação cidadã do estudante, pois, conforme Santos (2007, p. 10), "significa ampliar o olhar sobre o papel da ciência e da tecnologia na sociedade e discutir em sala de aula questões econômicas, políticas, sociais, culturais, éticas e ambientais".

Nesse sentido, Santos e Schnetzler (2003, p. 56) acrescentam que

> *o objetivo central do ensino de CTS é a formação de cidadãos críticos, que possam tomar decisões relevantes na sociedade, relativas a aspectos científicos e tecnológicos. A educação científica deverá, assim, contribuir para preparar o cidadão a tomar decisões, com consciência do seu papel na sociedade, como indivíduo capaz de provocar mudanças sociais na busca de uma melhor qualidade de vida para todos.*

Nesse contexto, é pertinente que o ensino da área de ciências naturais, com enfoque para as ciências biológicas, aborde a educação científica articulada às questões concernentes à formação da cidadania. Para isso, o professor deve também conhecer os aspectos históricos relacionados com a temática em questão, além de selecionar textos e materiais sobre o assunto que possam ser discutidos em sala de aula.

No que se refere ao aspecto da **interdisciplinaridade**, as ciências biológicas e os demais componentes curriculares das ciências naturais devem ser desenvolvidos por meio da relação entre os conteúdos, o que possibilita ao estudante uma visão mais ampla do conhecimento.

A interdisciplinaridade e a contextualização são duas estratégias de ensino que podem contribuir para que ocorra uma aprendizagem significativa dos conteúdos e temas.

No que diz respeito à **pesquisa** no ensino de ciências naturais, é preciso que se oriente como realizá-la, para que o estudante saiba buscar fontes confiáveis de pesquisa e adequadas ao seu nível de aprendizagem.

Ao realizar uma pesquisa, o estudante precisa fazer a leitura e a interpretação do tema que está pesquisando, visando desenvolver o pensamento crítico e reflexivo.

Após a conclusão da pesquisa, o estudante pode socializar os resultados do conhecimento obtido de forma clara e objetiva com os demais colegas de turma.

Nesse contexto, a **leitura** de textos de livros paradidáticos e de revistas científicas adequadas ao nível de ensino e aprendizagem podem ser uma estratégia didático-pedagógico importante para trabalhar os conteúdos dos componentes das ciências da natureza, visto que possibilita aprofundar o conhecimento do estudante na aprendizagem dessas ciências.

O professor precisa trabalhar os conteúdos pertencentes aos componentes Ciências, Biologia e Química com estratégias de ensino e aprendizagem que proporcionem a observação, a construção de hipóteses, a coleta de dados e a discussão dos resultados diante das hipóteses levantadas.

A **observação** é uma das técnicas de que a ciência dispõe para gerar o conhecimento. Como parte integrante das etapas de uma pesquisa, a observação deve ser desenvolvida nas aulas experimentais dos componentes das ciências da natureza, tendo o papel de auxiliar o processo de obtenção de dados para a compreensão dos fenômenos estudados.

Aulas experimentais realizadas em laboratório também se configuram como uma estratégia de ensino eficiente para a compreensão dos conceitos das ciências da natureza, visto que possibilitam a construção do conhecimento e o desenvolvimento da autonomia, da comunicação, da criatividade, da cooperação, da responsabilidade e da curiosidade científica do estudante.

O **laboratório de ciências** é o espaço da escola onde são realizadas as aulas experimentais das ciências da natureza, em que, além dos conceitos científicos envolvidos no tema de estudo, podem ser abordadas questões históricas e sociais do conhecimento ensinado.

Nas aulas realizadas no laboratório de ciências, os experimentos são desenvolvidos por meio das explicações: das normas de segurança no laboratório, dos conteúdos e temas e dos roteiros dos experimentos. O vídeo educativo de curta duração ou um texto sobre o tema da aula podem ser utilizados para contextualizar o experimento. O laboratório deve ser um ambiente organizado e estruturado para que o estudante possa manusear as vidrarias, os equipamentos e os reagentes com segurança.

A depender do planejamento, nessas aulas algumas estratégias de ensino e aprendizagem poderão ser aplicadas pelo professor, como a leitura e a discussão de um texto, a exibição de um vídeo didático ou a explicação de um mapa conceitual sobre o tema da aula. O professor pode ensinar o estudante a realizar uma pesquisa bibliográfica sobre o tema, a registrar os dados do experimento por meio da construção de gráficos, tabelas ou quadros, a elaborar o relatório do experimento ou o mapa conceitual e a interpretar os resultados encontrados no experimento, entre outros.

Aqui, convém salientar que, nas escolas que não contam com laboratório de ciências, o professor pode realizar os experimentos em sala de aula, de forma demonstrativa, contextualizada e problematizada, de modo que o conhecimento seja interpretado e compreendido pelos estudantes.

Os experimentos não podem oferecer riscos para os estudantes; logo, é importante que o professor saiba selecionar o experimento mais adequado para ser desenvolvido no laboratório ou na sala de aula.

Ainda, é preciso lembrar que o professor deve trabalhar as normas de segurança no laboratório com estudantes.

> **Preste atenção!**
>
> Nesse cenário, cabe ao professor selecionar e estabelecer os recursos didático-pedagógicos que farão parte de sua prática pedagógica.

Outra estratégia de ensino e aprendizagem interessante é o **jogo**, o qual, de acordo com Haydt (2006, p. 175), "é uma atividade motivacional que permite ao estudante participar ativamente do processo de ensino-aprendizagem, assimilando experiências e informações e, sobretudo, incorporando atitudes e valores".

Os jogos se configuram como um recurso didático eficiente, tendo em vista que o lúdico favorece a motivação, o raciocínio lógico, a atenção, a criatividade e a capacidade do estudante de se posicionar ativamente nos desafios encontrados, o que contribui para a aprendizagem significativa dos conteúdos pertencentes às ciências da natureza.

Segundo Ward (2010, p. 162), "o uso de diferentes tipos de jogos proporciona uma rica variedade de oportunidades de aprendizagem. O jogo é conhecido como um poderoso mediador para a aprendizagem no decorrer da vida da pessoa".

Na realização dos jogos há a troca de conhecimentos entre os participantes e o envolvimento do estudante com os conteúdos abordados, garantindo que ele seja protagonista de seu aprendizado e se aproprie do conhecimento de forma lúdica, ativa e divertida.

O jogo possibilita ainda a interação social, a autonomia do estudante, o desenvolvimento da iniciativa, o respeito entre os colegas, a cooperação, a solidariedade e o atendimento às regras nele contidas.

As atividades com jogos devem ser bem planejadas pelo professor, o qual deve considerar o ciclo de aprendizagem e o perfil dos estudantes, o tempo de duração e a aplicabilidade da atividade, assim como os objetivos esperados para a construção do conhecimento.

Pare e pense
Como os jogos podem promover a aprendizagem na aquisição de conhecimentos?

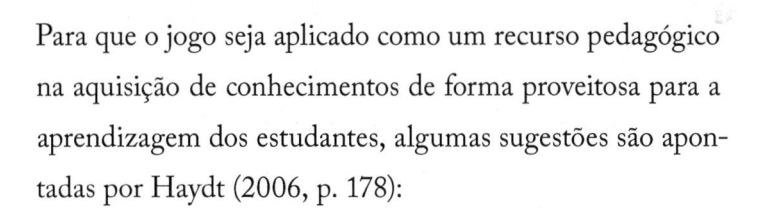

Para que o jogo seja aplicado como um recurso pedagógico na aquisição de conhecimentos de forma proveitosa para a aprendizagem dos estudantes, algumas sugestões são apontadas por Haydt (2006, p. 178):

- *Defina, de forma clara e precisa, os objetivos a serem atingidos com a aprendizagem.*
- *Os jogos podem ser usados para adquirir determinados conhecimentos (conceitos, princípios e informações), para praticar certas habilidades*

cognitivas e para aplicar algumas operações mentais ao conteúdo fixado.

- Determine os conteúdos que serão abordados ou fixados através da aprendizagem pelo jogo.

- Elabore um jogo ou escolha, dentre a relação de jogos existentes, o mais adequado para a consecução dos objetivos estabelecidos. O mesmo jogo pode ser utilizado para alcançar objetivos diversos e para abordar ou fixar os mais variados conteúdos.

- Formule as regras de forma clara e precisa para que elas não deem margem a dúvidas no caso da criação ou invenção de novos jogos.

- Especifique os recursos ou materiais que serão usados durante a realização do jogo, preparando-os com antecedência ou verificando se estão completos e em perfeito estado para serem utilizados.

- Explique aos alunos, oralmente ou por escrito, as regras do jogo, transmitindo instruções claras e objetivas, de modo que todos entendam o que é para ser feito ou como proceder.

- Permita que os participantes, após a execução do jogo, relatem o que fizeram, perceberam, descobriram ou aprenderam.

Nesse sentido, o professor pode desenvolver seus próprios jogos, os quais devem ser vistos como uma estratégia de ensino e de aprendizagem e, portanto, devem ser bem planejados, visando atender aos objetivos educacionais.

Para Oliveira e Barra (2002, p. 61), "Os jogos educativos devem favorecer o desenvolvimento de habilidades e atitudes relativas aos processos de perceber, comunicar, conhecer, estruturar, tomar decisões, criar e avaliar".

O desenvolvimento de habilidades de comunicação, raciocínio, observação, argumentação, trabalho em grupo e a alfabetização científica em ciências podem ser explorados por meio de **metodologias ativas**.

As metodologias ativas podem contribuir para a aprendizagem significativa dos conteúdos e dos diferentes temas. Elas possibilitam a interação, a participação, a cooperação e o desenvolvimento da autonomia. O uso das metodologias ativas na educação básica exige do professor estudo e planejamento, pois é importante saber selecionar a metodologia mais adequada aos objetivos educacionais e curriculares propostos e ao perfil dos estudantes.

De acordo com Bacich e Moran (2018, p. 4), metodologias ativas

são estratégias de ensino centradas na participação efetiva dos estudantes na construção do processo de aprendizagem, de forma flexível, interligada e híbrida. As metodologias ativas, num mundo conectado e digital, expressam-se por meio de modelos de ensino híbridos, com muitas possíveis combinações. A junção de metodologias ativas com modelos flexíveis e híbridos traz contribuições importantes para o desenho de soluções atuais para os aprendizes de hoje.

Nesse contexto, as metodologias ativas podem contribuir para a aprendizagem dos estudantes. As tecnologias da informação e comunicação (TICs) fazem parte do cotidiano das pessoas em diversos espaços, inclusive na escola. O uso de recursos midiáticos para o ensino de conteúdos e temas, quando bem planejado, colabora para uma aprendizagem efetiva, atendendo aos interesses dos estudantes.

Segundo Bacich e Moran (2018, p. 220), diferentemente da

> *educação do passado, a escola de hoje precisa articular diversos saberes e práticas metodológicas de ensino para garantir a aprendizagem de seus estudantes. Além de expandir o potencial criativo de crianças e jovens, as instituições de ensino do século XXI têm a tarefa de abrir suas portas e estabelecer parcerias e vínculos com as famílias e comunidades onde estão inseridas.*

Nesse sentido, é necessário que o professor tenha conhecimento das metodologias de ensino e saiba selecionar a metodologia adequada para ensinar determinado tema ou conteúdo, levando em conta os objetivos que pretende alcançar, os recursos didático-pedagógicos disponíveis, o perfil dos estudantes, seus interesses, a estrutura física e o contexto da escola. Muitas propostas educativas podem ser planejadas para envolver a comunidade escolar e as famílias.

Para Bacich e Moran (2018, p. 223), a personalização é um objetivo

> *importante da integração de tecnologia na aprendizagem, para que cada estudante possa aprender no ritmo e do jeito mais adequado. A tecnologia de hoje pode ser uma grande aliada no processo de ensino e aprendizagem nas escolas, mas ela precisa ser empregada de forma contextualizada, de modo que a proposta pedagógica venha sempre antes da tecnologia, e esta tenha seu uso regulado por aquela e nunca ao contrário.*

Conforme Ferreira et al. (2018, p. 242), é preciso pensar no currículo,

> *integrado e flexível, como um instrumento de formação humana, onde o professor, através de*

situações que problematizem conhecimentos, possa planejar, propor e coordenar atividades significativas e desafiadoras. É importante, contudo, que haja objetivos claros do que se deseja alcançar com o trabalho, a fim de ampliar as experiências e práticas sociais, culturais e pedagógicas.

As estratégias e as metodologias de ensino são essenciais para trabalhar os conteúdos e os temas dos componentes curriculares da área de ciências da natureza. Além disso, a criatividade e a inovação devem estar presentes no planejamento das aulas, assim como a contextualização, a problematização e a investigação.

Cabe acrescentar que a **pesquisa bibliográfica** é uma metodologia necessária para a aquisição de conhecimentos. O professor deve ensinar como fazer uma pesquisa bibliográfica, para que o texto escrito contemple a temática solicitada e seja adequado ao nível de ensino e aprendizagem dos estudantes.

Para isso, é importante que o professor indique fontes bibliográficas para a pesquisa e explore recursos digitais como *tablets*, celulares e computadores, bem como os ambientes da escola, como a biblioteca e os laboratórios de informática e ciências.

SÍNTESE

Neste capítulo, apresentamos, inicialmente, os conceitos de método e de metodologia, demonstrando que não há um método que seja considerado ideal para transmitir dada informação, e sim um conjunto de métodos combinados entre si, os quais levam ao resultado esperado.

Você pôde perceber que a metodologia é um instrumento de fundamental importância na prática pedagógica do professor, já que é ela que definirá as linhas de ação necessárias para que os objetivos preestabelecidos na aquisição do conhecimento sejam alcançados.

Evidenciamos ainda que o professor, ao ministrar suas aulas, deve ter o cuidado de não se limitar ao uso de apenas um tipo de metodologia. Nesse caso, deve optar por fazer a integração de diferentes metodologias, buscando aquelas que priorizem o acesso do estudante ao conhecimento científico.

Tratamos também do método científico, sua função, seu fundamento e as etapas mais importantes a serem seguidas nesse método, indicando que nem sempre todas são seguidas e não se constituem em regra geral para fazer uma investigação científica.

Destacamos, além disso, que os métodos de ensino são os meios utilizados pelo professor para ministrar os conteúdos, mostrando que, por meio deles, o docente terá subsídios para identificar os problemas de aprendizagem do estudante, bem como perceber e avaliar os erros e os acertos durante o processo de ensino e aprendizagem.

Encerramos o capítulo descrevendo as implicações pedagógicas que envolvem o método de investigação científica e a produção do conhecimento.

INDICAÇÕES CULTURAIS

FILME

A TEORIA de tudo. Direção: James Marsh. Reino Unido: Universal, 2014. 123 min.

O filme retrata a história de um dos maiores físicos do mundo, Stephen Hawking, e sua luta para superar uma doença degenerativa, a esclerose lateral amiotrófica (ELA). São enfocadas as importantes descobertas que o astrofísico fez para o mundo da ciência e a contribuição da tecnologia para a melhoria de sua qualidade de vida.

Procure identificar nesse filme cenas que mostrem a importância do método, da reflexão e da experimentação na pesquisa científica.

ATIVIDADES DE AUTOAVALIAÇÃO

[1] A respeito do método, assinale V para as afirmativas verdadeiras e F para as falsas:

[ ] Conjunto de atividades sistemáticas e racionais que, com maior segurança e economia, permite alcançar um objetivo, traçando o caminho a ser seguido, detectando erros e auxiliando as decisões do cientista.

[ ] O método constitui um conjunto de etapas e processos a serem vencidos ordenadamente na investigação dos fatos ou na procura da verdade.

[ ] O método é um instrumento de trabalho utilizado para alcançar uma meta preestabelecida.

[ ] O método é utilizado para alcançar um objetivo.

A sequência correta é:

[A] V, F, F, V.
[B] F, V, F, V.
[C] F, F, V, F.
[D] V, V, V, V.

[2] Assinale a resposta correta sobre as características do método indutivo:

[A] Parte de casos particulares para o geral.
[B] Parte de casos gerais para o particular.
[C] Parte de alguma grande ideia que, por meio de experiências, poderia ou não ser confirmada.
[D] Testa uma hipótese particular.

[3] As aulas de ciências podem ser realizadas:
[A] na natureza.
[B] somente no laboratório.
[C] no laboratório e em sala de aula.
[D] nos espaços formais e não formais de ensino e aprendizagem.

[4] Para levar o estudante à aprendizagem significativa, a experimentação no ensino de ciências precisa ser trabalhada:
[A] sem levar em consideração os conhecimentos prévios dos estudantes.
[B] de forma contextualizada, interdisciplinar e problematizada.
[C] sem articular teoria e prática.
[D] por meio de aulas demonstrativas.

[5] A respeito dos conceitos de metodologia de ensino, são formuladas as seguintes proposições:
[I] A metodologia de ensino é um conjunto de procedimentos didáticos, representados pelos seus métodos e técnicas, que visam levar a bom termo a ação didática: alcançar os objetivos do ensino e, consequentemente, da educação, com o mínimo esforço e o máximo rendimento.
[II] A metodologia de ensino se configura como o centro da prática pedagógica, sendo que o conjunto de métodos e regras aplicado é desenvolvido como um

roteiro geral, de modo a contribuir com a prática docente, visando promover a aprendizagem do aluno e a obtenção dos objetivos estabelecidos durante o processo de ensino e aprendizagem.

[III] A metodologia de ensino deve promover a inter-relação entre o conteúdo ensinado, o método aplicado, a técnica e a avaliação desenvolvidas durante o período letivo.

[IV] A metodologia de ensino se refere às situações do processo de avaliação.

Está(ão) correta(s):
[A] somente a alternativa I.
[B] as alternativas II e IV.
[C] as alternativas I, II e III.
[D] as alternativas III e IV.

ATIVIDADES DE APRENDIZAGEM

QUESTÕES PARA REFLEXÃO

[1] Quais são as principais dificuldades encontradas pelos professores para a obtenção de outras fontes de conhecimento, além do uso dos livros didáticos adotados em sala de aula?

[2] Como tornar as aulas de ciências mais interativas?

ATIVIDADES APLICADAS: PRÁTICA

[1] Visita ao museu de ciências naturais

[A] Elabore um roteiro para uma visita orientada a um museu de ciências naturais.

[B] Solicite que os estudantes escrevam os nomes dos animais observados no museu.

[C] Solicite que eles façam uma pesquisa sobre os nomes científicos dos animais.

[D] Solicite que eles pesquisem sobre os hábitos dos animais.

[E] Apresente aos estudantes uma lista dos animais em extinção.

[F] Peça que eles pesquisem se os animais observados no museu estão na lista dos animais em extinção.

[G] Peça que eles escrevam por que esses animais estão em extinção.

[H] Com base no material escrito por eles, discuta os fatores que levam à extinção dos animais na natureza e a importância destes para o ecossistema.

[I] Avalie os estudantes em cada etapa da atividade.

[2] Aula expositiva dialogada sobre a qualidade da água

[A] Inicie a aula levantando os conhecimentos prévios dos estudantes sobre a qualidade da água.

[B] Problematize o tema da aula: Podemos consumir água sem conhecer sua qualidade?

[C] Trabalhe a fórmula da água, sua composição, suas características físico-químicas e o processo de tratamento de água.

[D] Trabalhe as principais bacias hidrográficas que abastecem sua cidade.

[E] Sensibilize os estudantes sobre a importância do uso racional da água.

[F] Solicite que eles observem, na conta de água do mês anterior, quantos metros cúbicos foram gastos pela sua família.

[G] Trabalhe com eles a conversão de metros cúbicos para litros.

[H] Solicite que eles escrevam como podem economizar água.

[I] Realize uma visita a uma estação de tratamento de água (ETA).

[J] Solicite que eles pesquisem o nome do rio do qual a ETA capta a água para ser tratada.

[K] Solicite que eles observem a cor e a aparência da água que chega à ETA.

[L] Peça que eles observem a cor e a aparência da água após o tratamento.

[M] Solicite que eles pesquisem o valor do litro da água tratada.

[N] Peça que eles façam cartazes sobre o tema *água* e os coloquem em murais para que os colegas de outras séries apreciem os trabalhos.

[O] Avalie os estudantes em cada etapa da atividade.

[3] Alimentos que ingerimos

[A] Leve para a sala de aula frutas, verduras, ovos, leite, feijão, arroz, biscoitos, doces, cereais e pães.

[B] Trabalhe os alimentos reguladores, os energéticos e os construtores.

[C] Construa a pirâmide alimentar no quadro de giz.

[D] Solicite que os estudantes façam a pirâmide alimentar no caderno.

[E] Apresente uma tabela com as porções de alimentos recomendadas por dia.

[F] Sensibilize os estudantes para consumirem os alimentos de acordo com a ingestão diária recomendada para a idade deles.

[G] Sensibilize os estudantes sobre a importância de fazer exercícios.

[H] Solicite que eles anotem os tipos e a quantidade de alimentos que consomem no lanche da escola.

[I] Discuta com a classe, com base na tabela de porções de alimentos e na pirâmide alimentar, a alimentação dos estudantes.

[J] Avalie os estudantes em cada etapa da atividade.

seis...

Planejamento e organização de atividades: textos, livros didáticos, atividades de campo e recursos tecnológicos

Diane Lucia de Paula Armstrong Fernandes
Liane Maria Vargas Barboza

A prática pedagógica depende de uma seleção de atividades que o professor precisa planejar em sua prática docente para que possa facilitar e dinamizar o processo de ensino e aprendizagem e obter o resultado desejado para esse propósito.

O uso de recursos didáticos variados na prática pedagógica do professor é um modo de diversificar suas aulas, tornando-as mais interessantes na visão do estudante, além de possibilitar que este perceba a relação entre teoria e prática na construção do conhecimento.

Neste capítulo, você verá como a organização de atividades, por meio de um planejamento adequado, pode tornar a aprendizagem mais significativa e interessante.

Para completar os estudos referentes à metodologia do ensino de ciências naturais, em especial de ciências biológicas, analisaremos os processos avaliativos como instrumento auxiliar da prática docente, que visa direcionar o ensino do professor e promover a aprendizagem do estudante.

Embora as tradicionais provas sejam ainda muito utilizadas como instrumento avaliativo, você vai ser apresentado a formas variadas de avaliação.

Vamos verificar, ainda, que a avaliação deve ser contínua para que possa cumprir sua função de auxiliar o processo de ensino e aprendizagem e que os instrumentos avaliativos devem ser variados para que se possa diagnosticar a aprendizagem e o desempenho do estudante no decorrer do processo.

6.1 PLANEJAMENTO DE ENSINO

Sabemos que, ao planejar uma atividade, qualquer que seja, buscamos obter o melhor resultado, pois entendemos que é por meio de um planejamento bem elaborado que todas as decisões que envolvem a realização dessa atividade são tomadas.

Em se tratando de um **planejamento de ensino**, podemos dizer que este é um procedimento didático importante para organizar as ações do processo pedagógico de forma a atender aos objetivos da educação e de determinada área de conhecimento.

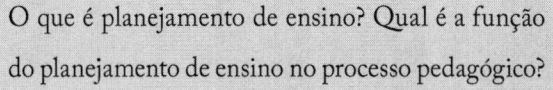

> **Pare e pense**
> O que é planejamento de ensino? Qual é a função do planejamento de ensino no processo pedagógico?

Segundo Nérici (1981, p. 122), "o planejamento de ensino representa um trabalho de reflexão sobre como orientar o ensino para que o educando efetivamente alcance os objetivos da educação, da escola, do curso e das áreas de estudo ou disciplinas".

O planejamento de ensino, como uma ferramenta auxiliadora do processo de ensino e aprendizagem, é um procedimento que exige reflexão, organização, coordenação, sistematização e previsão quanto à forma de orientar o ensino para efetivamente garantir a eficiência e a eficácia de uma ação pedagógica.

No entanto, de acordo com Luckesi (1992, p. 105), "não basta relacionar qualquer coisa num planejamento [...]. Há necessidade de estudar que procedimentos e que atividades possibilitarão, da melhor forma, que nossos alunos atinjam o objetivo de aprender o melhor possível daquilo que estamos pretendendo ensinar".

Desse modo, compreendemos que o planejamento de ensino possibilita que os objetivos sejam atingidos e que as etapas a serem seguidas para esse procedimento implicam situações diversificadas, tendo em vista que o planejamento como algo imutável e definitivo é uma prática inconcebível na área da educação.

> **Preste atenção!**
>
> Perceba que o professor deve fazer uma reflexão constante acerca de sua prática docente, já que a eficácia e a eficiência de um planejamento de ensino dependem da coerência e da flexibilidade das ações que estão sendo planejadas por parte desse profissional.

Um planejamento de ensino visa alcançar alguns objetivos que se configuram fundamentais para o desenvolvimento do processo pedagógico, entre os quais estão:

- *precisar as metas que se precisa alcançar;*
- *conduzir o educando mais seguramente para os objetivos almejados;*
- *prever experiências de aprendizagem a partir das experiências anteriores do educando;*
- *facilitar a distribuição do conteúdo a ser estudado pelo tempo disponível;*
- *possibilitar o acompanhamento mais eficiente dos estudos do educando;*

- *promover reajustes no planejamento sempre que estes se fizerem necessários.* (Nérici, 1981, p. 123-124)

O professor precisa planejar o desenvolvimento das aulas, atividades, trabalhos e avaliações. O planejamento do ensino é fundamental para a aprendizagem dos conceitos, dos conteúdos, dos temas e do desenvolvimento de competências e habilidades dos estudantes.

De acordo com Klosouski e Reali (2008), a maneira de se planejar não deve ser mecânica e repetitiva; pelo contrário, no planejamento devem ser combinados entre si os seguintes aspectos:

- *considerar os alunos não como uma turma homogênea, mas a forma singular de apreender de cada um, seu processo, suas hipóteses, suas perguntas a partir do que já aprenderam e a partir das suas histórias;*

- *considerar o que é importante e significativo para aquela turma. Ter claro onde se quer chegar, que recorte deve ser feito na História para escolher temáticas e que atividades deverão ser implementadas, considerando os interesses do grupo como um todo.* (Klosouski; Reali, 2008, p. 5)

Compreenda que, além dos aspectos já mencionados, o professor, ao elaborar o planejamento de ensino, deve verificar quais métodos e técnicas podem ser desenvolvidos com o intuito de atender às necessidades que possam surgir no decorrer desse processo.

Cabe, então, ao professor utilizar o planejamento de ensino como uma ferramenta pedagógica de grande eficiência no processo de aprendizagem do estudante, pois, ainda segundo Klosouski e Reali (2008, p. 7),

> *é através do planejamento que são definidos e articulados os conteúdos, objetivos e metodologias são propostas e maneiras eficazes de avaliar são definidas. O planejamento de ensino, portanto, é de suma importância para uma prática pedagógica eficaz e consequentemente para a aprendizagem do aluno.*

É importante compreender que o planejamento deve atender aos objetivos educacionais, aos objetivos do componente curricular lecionado, aos conteúdos programáticos, às metodologias de ensino e aos processos de avaliação de aprendizagem.

Vale lembrar que, para ter conhecimento dos objetivos e conteúdos programáticos dos componentes curriculares das ciências da natureza, o professor precisa consultar o documento vigente, que é a Base Nacional Comum Curricular (BNCC), a qual estabelece as competências e habilidades para a educação básica (Brasil, 2018a).

Ao planejar suas aulas, o professor deve considerar que a construção do conhecimento e o letramento científico são essenciais para a aprendizagem de conteúdos e temas da área de ciências da natureza na educação básica.

> O documento do BNCC orienta que, ao longo do ensino fundamental, "a área de Ciências da Natureza tem um compromisso com o desenvolvimento do letramento científico, que envolve a capacidade de compreender e interpretar o mundo (natural, social e tecnológico), mas também de transformá-lo com base nos aportes teóricos e processuais das ciências" (Brasil, 2018a, p. 321).

Nesse contexto, o professor precisa trabalhar o letramento científico e articular os conceitos e os conteúdos com o cotidiano dos estudantes, abordando as questões ambientais, sociais e tecnológicas, para que a aprendizagem em ciências seja significativa.

De acordo com a BNCC, à medida que se aproxima a conclusão do ensino fundamental, os estudantes são capazes de "estabelecer relações ainda mais profundas entre a ciência, a natureza, a tecnologia e a sociedade, o que significa lançar mão do conhecimento científico e tecnológico para compreender os fenômenos e conhecer o mundo, o ambiente, a dinâmica da natureza" (Brasil, 2018a, p. 343).

Para tanto, o professor precisa planejar as aulas e definir propostas educativas que possibilitem ensinar ciência e os fenômenos da natureza visando à articulação do conhecimento científico com as tecnologias e a sociedade.

Haydt (2006, p. 127) assegura: "é por meio dos conteúdos que transmitimos e assimilamos conhecimentos, e é também por meio deles que praticamos as operações cognitivas, desenvolvemos hábitos e habilidades e trabalhamos atitudes".

A seleção adequada dos conteúdos programáticos pode favorecer a aquisição de conhecimentos. Para isso, é necessário que o professor siga alguns critérios, entre os quais está o de conhecer o perfil dos estudantes, o interesse deles, o contexto da escola, a vivência dos estudantes, as estratégias e as metodologias de ensino.

Esses critérios de seleção, além de favorecerem a aprendizagem dos estudantes, vão auxiliar o professor na organização dos conteúdos curriculares e na condução de sua prática docente.

O professor precisa diversificar as metodologias de ensino para incentivar a participação ativa dos estudantes nas aulas e promover a construção do conhecimento. Atividades que envolvem investigação, experimentação problematizadora, debates, pesquisa, projetos e jogos educativos com base em temas geradores relacionados com o cotidiano dos estudantes, quando bem planejadas e desenvolvidas, contribuem para a aprendizagem significativa.

Segundo Farias et al. (2009, p. 120-121), "a avaliação é outra etapa fundamental do processo de ensino-aprendizagem. Seus critérios devem contemplar não só a habilidade de reter conhecimento, mas de processá-lo, construí-lo, utilizá-lo em situações reais da vida".

Nessa perspectiva, a avaliação deve ser planejada de acordo com os objetivos do processo de ensino e aprendizagem, e o professor deve utilizar diversos instrumentos avaliativos. Ademais, é importante que o estudante saiba aplicar os conhecimentos adquiridos em outros contextos e, para tanto, é necessário que o professor ensine os conteúdos de forma contextualizada, problematizada e interdisciplinar.

6.2 A ORGANIZAÇÃO DE ATIVIDADES E OS RECURSOS DIDÁTICOS

Conforme Haydt (2006, p. 145), "ao escolher um procedimento de ensino, o professor deve considerar como critérios de seleção os seguintes aspectos básicos: a adequação aos objetivos estabelecidos para o ensino e a aprendizagem, a natureza do conteúdo a ser ensinado e o tipo de aprendizagem a se efetivar".

Para o professor, além do ato de planejar adequadamente suas aulas, outro fator preponderante, que vai auxiliá-lo no processo de ensino-aprendizagem, é a consulta a livros didáticos, paradidáticos, revistas científicas e sites confiáveis de pesquisa para fundamentar teoricamente e planejar o que vai ser ensinado.

A utilização de diferentes recursos didáticos na área de ciências naturais contribui para que o estudante possa compreender os conteúdos científicos que serão ministrados.

Os recursos das **tecnologias de informação e comunicação (TICs)** permitem a diversificação de atividades para trabalhar os conteúdos curriculares. Podemos citar, entre outros: vídeos, *sites* da internet, *datashow*, lousas digitais, transparências coloridas, hipertextos, bibliotecas virtuais, aplicativos de celulares, redes sociais.

A internet é uma tecnologia que pode ser usada na sala de aula ou no laboratório de informática como um recurso para explicar e/ou ilustrar algum conhecimento ou como um meio para pesquisar novos conhecimentos. Cabe ressaltar que o professor precisa mediar o uso da internet no processo de ensino e aprendizagem.

Para Moran, Masetto e Behrens (2009, p. 50), "é imprescindível que haja salas de aula conectadas, salas adequadas para a pesquisa, laboratórios bem equipados". O uso da internet pode ser realizado de forma individual ou em equipe, com ou sem a orientação do professor.

Segundo os mesmos autores, a escola pode utilizar a internet em uma sala especial ou laboratório,

> *[para] onde os alunos se deslocam especialmente, em períodos determinados, diferentes dos da sala de aula convencional. A Internet também pode ser utilizada em sala de aula, conectada só pelo professor, como uma tecnologia complementar, ou pode ser utilizada também pelos alunos conectados através de notebooks na mesma sala de aula sem deslocamento.* (Moran; Masetto; Behrens, 2009, p. 51)

Neste contexto, a internet é um recurso didático-pedagógico que pode e deve ser explorado no desenvolvimento das aulas e das atividades. Para tanto, o professor deve planejar as aulas para que haja uma organização no uso da internet e se estabeleçam relações positivas entre o professor e o estudante e do estudante com o objeto de estudo e a tecnologia.

Na visão de Brito (2006, p. 133),

> *a introdução de novas tecnologias na educação (principalmente da informática) deve-se à busca de soluções para promover melhorias no processo de ensino-aprendizagem, pois os recursos computacionais,*

adequadamente empregados, podem ampliar o conceito de aula, além de criar novas pontes cognitivas.

O desenvolvimento de estratégias de ensino com o uso de tecnologias diferenciadas pode contribuir para a aprendizagem e tornar as aulas de ciências naturais muito mais dinâmicas e interessantes, além de possibilitar o desenvolvimento de habilidades. As práticas pedagógicas, com o uso de tecnologias diversificadas, possibilitam novas abordagens dos conteúdos e dos diferentes temas.

O **livro didático** é um recurso muito utilizado em sala de aula. Para Delizoicov, Angotti e Pernambuco (2007, p. 36), "ainda é bastante consensual que o livro didático, na maioria das salas de aula, continua prevalecendo como principal instrumento de trabalho do professor, embasando significativamente a prática docente".

Para muitos educadores, o livro didático é fonte de pesquisa para si e para os estudantes, além de subsidiar o desenvolvimento de exercícios e atividades escolares e extraescolares.

A maioria dos livros didáticos conta com metodologias e estratégias de ensino diversificadas e informações atualizadas sobre os conteúdos curriculares, contemplando temas atuais e alinhados com o documento curricular vigente e com as novas tecnologias da educação.

> **Pare e pense**
> Como o livro didático pode ser um recurso eficaz na prática pedagógica do professor?

O livro didático precisa ser adequado ao ciclo de aprendizagem, apresentar textos atuais e contextualizados com enfoque em ciência, tecnologia e sociedade, além de ser escrito de forma dialógica, permitindo a interação do estudante com o objeto de estudo.

É necessário também que o professor saiba selecionar o livro didático. Para tanto, ele precisa conhecer o Programa Nacional do Livro Didático (PNLD), o qual estabelece os critérios para a análise dos livros didáticos. Esse conhecimento é relevante para que o professor possa selecionar materiais com qualidade didático-metodológica. A seleção adequada do livro didático pode contribuir para o desenvolvimento de aulas contextualizadas, problematizadas e interdisciplinares.

Devemos mencionar também os **recursos audiovisuais**. Como afirmam Rocha e Motta (2020, p. 102), "Os recursos audiovisuais, em um contexto escolar, são aqueles que, como sugere o termo, usam a imagem e o áudio para dar suporte aos processos pedagógicos".

Antunes (2015, p. 18) esclarece que

> *a linguagem audiovisual possibilita ao professor explorar vários conteúdos curriculares de forma dinâmica por meio de imagens, vídeos e músicas que quando trabalhados de forma pedagógica auxiliam a compreensão e assimilação dos conteúdos pelos alunos, agregando assim, mais conhecimento.*

Os recursos audiovisuais são importantes instrumentos para a aprendizagem. De acordo com Rosa (2000, p. 33), no ambiente da escola, o uso de imagem e de som

> *como instrumentos de apoio ao Ensino data dos primórdios do desenvolvimento desses meios. Seja com as primeiras tentativas de utilização do rádio como ferramenta de disseminação educacional e cultural (basta lembrar dos projetos oficiais como o Projeto Minerva, p. ex.); seja pelas tentativas de introdução dessas mídias nas escolas, quer pela TV Escola, a mais recente investida do Governo Federal na área de TV, quer pelo uso de instrumentos multimídia (através da utilização de CD-ROM ou pelo acesso à Internet), embutidos dentro do projeto do MEC para aquisição e implantação de computadores nas escolas.*

Para o ensino de ciências da natureza, o uso desses recursos se torna uma ótima oportunidade para a apreensão dos conteúdos científicos, uma vez que os professores podem despertar o espírito científico dos estudantes por meio de registros de dados de cenas de filmes, pelas habilidades desenvolvidas nas operações de um jogo digital educativo, na coleta de dados do conteúdo de um *podcast* ou pela elaboração de um vídeo didático sobre o tema de estudo.

A **televisão** é um recurso pedagógico encontrado na maioria das escolas, o qual pode ser um aliado no trabalho pedagógico do professor para estabelecer a articulação entre o objeto de estudo e a aprendizagem dos estudantes. Para tanto, é necessário que o professor selecione adequadamente os vídeos educacionais que pretende trabalhar com os estudantes e planeje a atividade a ser desenvolvida.

O **vídeo** também é um recurso muito utilizado por professores no desenvolvimento das aulas. Moran, Masetto e Behrens (2009, p. 37) afirmam que "a televisão e o vídeo partem do concreto, do visível, do imediato, do próximo – daquilo que toca todos os sentidos".

De acordo com Moran, Masetto e Behrens (2009, p. 39-41), "o vídeo pode ser utilizado como um recurso de sensibilização, ilustração, simulação, conteúdo de ensino, produção, processo de avaliação dos alunos, do professor, do processo e televisão/'vídeo-espelho'".

Segundo Rosa (2000, p. 41), "os recursos audiovisuais devem ser usados de forma criteriosa para que sejam eficientes e úteis". Tendo isso em vista, os que podem ser utilizados no processo de aprendizagem são:

> vídeos;

> documentários

> filmes;

> simulações;

> animações;

> *videogame*s;

> jogos digitais;

> *games*;

> rádio/música;

> programas de rádio por *podcast* ou via YouTube;

> aplicativos educacionais;

> *softwares*.

> Para Haydt (2006, p. 253), "todos os recursos técnicos devem ser aproveitados para ativar a classe. Interromper a projeção nos pontos necessários, voltar o filme, repetir algumas cenas e desligar o som são alguns recursos oferecidos pelos projetores de cinema que os professores podem aproveitar".

Outro recurso muito utilizado nas escolas e que pode contribuir para a melhoria da qualidade de ensino é o **computador**. Segundo Haydt (2006, p. 278), "o computador apresenta uma nova forma de comunicar o conhecimento: ele recebe dados do aluno, analisa-os e, em troca, fornece novos elementos como resposta, de acordo com a necessidade de seu interlocutor".

Cabe, então, ao professor planejar as atividades de acordo com os objetivos de cada aula. Ele será o mediador no desenvolvimento das atividades, pois é necessário que o estudante tenha orientação durante a utilização desse recurso, que pode consistir em realizar uma pesquisa, verificar o desenvolvimento de uma simulação de experiência, assistir a vídeos disponíveis nas plataformas digitais, participar de um jogo educativo, ler textos sobre o conteúdo, realizar a análise e a discussão de dados ou resolver situações-problema.

Alguns recursos didático-pedagógicos como DVD, CR-ROM, toca-discos e gravadores, retroprojetor, transparências e flanelógrafo podem ser utilizados no desenvolvimento das aulas e das atividades pedagógicas, assim como outros mais atuais.

O uso do **retroprojetor** e de **transparências** já está bastante disseminado em nossas escolas.

De acordo com Rosa (2000, p. 45),

basicamente a transparência é usada como apoio a uma exposição oral (seminário, preleção de laboratório, aula expositiva, etc.). A transparência, normalmente, é utilizada em aulas expositivas, seminários, debates e para apresentação de figuras de difícil execução e de fotografias. Quando é preciso apresentar equações extensas e absolutamente indispensáveis à compreensão do que se está querendo dizer, torna-se uma estratégia interessante, além de servir para a apresentação de gráficos, esquemas e tabelas.

Libâneo (2008, p. 173) afirma que "equipamentos são meios de ensino gerais, necessários para todas as matérias, cuja relação com o ensino é indireta. São as carteiras, quadro de giz, projetores de *slides* ou filmes, toca-discos, gravador e toca-fitas, flanelógrafo etc.".

Recursos didático-pedagógicos mais modernos, como lousa digital, *tablet*, computadores, celulares, *datashow*, jogos analógicos e digitais, entre outros, igualmente podem ser utilizados. É importante que o professor planeje o uso dos recursos de acordo com os conteúdos a serem trabalhados e o perfil dos estudantes.

Como explica Libâneo (2008, p. 173),

> *cada disciplina exige também seu material específico, como ilustrações e gravuras, filmes, mapas e globo terrestre, discos e fitas, livros, enciclopédias, dicionários, revistas, álbum seriado, cartazes, gráficos etc. Alguns autores classificam ainda, como meios de ensino, manuais e livros didáticos; rádio, cinema, televisão; recursos naturais (objetos e fenômenos da natureza); recursos da localidade (biblioteca, museu, indústria etc.); excursões escolares; modelos de objetos e situações (amostras, aquário, dramatizações etc.).*

Os recursos contribuem no processo de ensino e aprendizagem, mas, para que a aprendizagem ocorra, o professor deve planejar aulas dinâmicas, contextualizadas, problematizadas, interdisciplinares, visando à participação ativa dos estudantes.

Diante dos diversos materiais didático-pedagógicos, compete ao professor selecionar adequadamente os recursos para o desenvolvimento das aulas. Os componentes Ciências, Biologia, Química e Física, em virtude de suas especificidades curriculares, exigem recursos didático-pedagógicos variados para aulas experimentais.

Nas aulas dos componentes de ciências da natureza, o ideal é que os experimentos sejam realizados em laboratório, pois se trata de ciências experimentais, que possibilitam articular a teoria e a prática. No caso de não haver o espaço do laboratório na escola, o professor pode realizar alguns experimentos simples em sala de aula, que não ofereçam riscos para os estudantes.

Assim, para um bom trabalho com os meios de ensino, é necessário que o professor saiba planejar os experimentos e os realize antes de executá-los em sala de aula ou no laboratório.

Os experimentos devem ser selecionados de acordo com os conteúdos trabalhados em sala de aula. Nesse contexto, é papel do professor selecionar aqueles que não ofereçam riscos aos estudantes e que articulem a teoria e a prática.

Os professores de Ciências e de Biologia precisam conhecer a Lei Federal n. 11.794, de 8 de outubro de 2008 (Brasil, 2008), que estabelece procedimentos para o uso científico de animais e dá outras providências. A lei, em seu art. 1º, determina:

> *Art. 1º A criação e a utilização de animais em atividades de ensino e pesquisa científica, em todo o*

território nacional, obedece aos critérios estabelecidos nesta Lei.

§ 1º A utilização de animais em atividades educacionais fica restrita a:

I – estabelecimentos de ensino superior;

II – estabelecimentos de educação profissional técnica de nível médio da área biomédica. (Brasil, 2008)

É importante que o professor saiba que a criação e a utilização de animais para pesquisa só são permitidas na educação profissional técnica de nível médio da área biomédica.

Na área de ciências naturais, **roteiro da aula experimental**, **reagentes**, **equipamentos** e **vidrarias** são também recursos para o ensino. Vale ressaltar que as normas de segurança no laboratório devem ser trabalhadas antes de cada aula experimental.

Ainda considerando a questão dos recursos de aprendizagem, Krasilchik (2008, p. 132) afirma que "visitas a mercados, fazendas, estações de tratamento de águas e fábricas podem ensinar aos estudantes coisas que seriam muito difíceis de serem aprendidas por eles quando confinados no ambiente escolar".

Nesse sentido, os espaços não formais de ensino e aprendizagem podem contribuir para a formação do estudante.

> Vivenciar outros espaços pode ser uma ótima oportunidade para que os professores despertem o espírito científico dos estudantes, com registros de dados, fotografias e coleta de materiais para estudo.

Os espaços do entorno da escola e da própria comunidade escolar também podem ser explorados em algumas atividades realizadas com planejamento prévio.

De acordo com Krasilchik (2008, p. 88), "A maioria dos professores de Biologia considera de extrema valia os trabalhos de campo e as excursões, no entanto, são raros os que as realizam". Em todas as excursões ou estudos do meio, os estudantes precisam ter atividades bem definidas para que possam observar, coletar dados, analisá-los e discuti-los.

Para essa mesma autora, as visitas a museus, jardins zoológicos e botânicos fazem parte do repertório didático dos professores de Biologia. Para fazer essas visitas, é importante que o professor conheça antes o espaço para que possa avaliar como vai desenvolver a atividade. Isso porque é essencial orientar a visita e discutir com os alunos as observações realizadas (Krasilchik, 2008).

As **feiras de ciências**, por sua vez, são espaços de divulgação e socialização do conhecimento científico desenvolvido na escola. Conforme Henning (1986, p. 380), "a feira de ciência é uma promoção educacional para que os alunos exponham trabalhos por eles realizados sobre temas científicos que, em algum aspecto, apresentem um aporte original, como resultado da participação deles nas atividades desenvolvidas em sala de aula".

Perceba que, nesse contexto, a feira de ciências pode despertar a criatividade e a responsabilidade, além de desenvolver habilidades de comunicação e socialização. A participação da comunidade nesse evento é de fundamental importância para que os trabalhos e projetos desenvolvidos no espaço escolar sejam conhecidos por todos.

As habilidades de comunicação e educação científica também podem ser despertadas por meio do uso dos **computadores**, recurso muito utilizado nas escolas. Sobre essa questão, Krasilchik (2008, p. 69) afirma:

> *Os computadores servem para inúmeras atividades que simulam investigações científicas, para formar ou consultar bancos de dados, para intercâmbio com outros estudantes, professores, especialistas de outras escolas, outras instituições científicas, até de outros países, para estudar e produzir trabalhos, e hoje para apresentação de multimídia em data-show.*

Dessa forma, as atividades desenvolvidas nos computadores, quando bem planejadas e orientadas, podem contribuir no processo de produção do conhecimento.

Outro recurso importante é a **lousa digital**. Esse é um recurso tecnológico presente em algumas escolas e que possibilita o ensino de forma interativa. Para o uso do recurso, o professor deve planejar o conteúdo que será ensinado e definir o objetivo que pretende alcançar, bem como a metodologia que vai desenvolver em sala de aula.

De acordo com Nakashima e Amaral (2010, p. 384), a lousa digital é uma ferramenta de

> *apresentação que deve ser ligada à unidade central de processamento (CPU) do computador. Todas as imagens visualizadas no monitor são enviadas para o quadro por meio de um projetor multimídia. O mais interessante é que a lousa digital permite que professores e estudantes utilizem os dedos para realizarem ações diretamente no quadro, pois, ao tocá-lo, pode-se executar as mesmas funções do* mouse *e do teclado.*

A lousa digital permite a interação do estudante com os conteúdos e temas de forma planejada, dinâmica e criativa, com a mediação do professor. Para o uso desse equipamento, é importante que o professor faça um curso de capacitação, a fim de que esteja apto a explorar as potencialidades de tal recurso.

6.3 PROCESSOS AVALIATIVOS

Sabemos que a aprendizagem se caracteriza pela busca do conhecimento, tendo o aluno a capacidade de elaborar e construir o objeto desse conhecimento. Um modo de verificar se esse conhecimento está realmente sendo adquirido se dá por meio dos processos avaliativos.

De acordo com a Resolução n. 7, de 14 de dezembro de 2010, da Câmara de Educação Básica (CEB) do Conselho Nacional de Educação (CNE), que fixa as Diretrizes Curriculares Nacionais para o Ensino Fundamental de 9 anos,

Art. 32. A avaliação dos alunos, a ser realizada pelos professores e pela escola como parte integrante da proposta curricular e da implementação do currículo, é redimensionadora da ação pedagógica e deve:

I – assumir um caráter processual, formativo e participativo, ser contínua, cumulativa e diagnóstica, com vistas a:

a) identificar potencialidades e dificuldades de aprendizagem e detectar problemas de ensino;

b) subsidiar decisões sobre a utilização de estratégias e abordagens de acordo com as necessidades dos alunos, criar condições de intervir de modo imediato e a mais longo prazo para sanar dificuldades e redirecionar o trabalho docente;

c) manter a família informada sobre o desempenho dos alunos;

d) reconhecer o direito do aluno e da família de discutir os resultados de avaliação, inclusive em instâncias superiores à escola, revendo procedimentos sempre que as reivindicações forem procedentes.

II – utilizar vários instrumentos e procedimentos, tais como a observação, o registro descritivo e reflexivo, os trabalhos individuais e coletivos, os portfólios, exercícios, provas, questionários, dentre outros, tendo em conta a sua adequação à faixa etária e às características de desenvolvimento do educando;

III – fazer prevalecer os aspectos qualitativos da aprendizagem do aluno sobre os quantitativos, bem como os resultados ao longo do período sobre os de eventuais provas finais, tal com determina a alínea "a" do inciso V do art. 24 da Lei n° 9.394/96;

IV – assegurar tempos e espaços diversos para que os alunos com menor rendimento tenham condições de ser devidamente atendidos ao longo do ano letivo;

V – prover, obrigatoriamente, períodos de recuperação, de preferência paralelos ao período letivo, como determina a Lei nº 9.394/96;

VI – assegurar tempos e espaços de reposição dos conteúdos curriculares, ao longo do ano letivo, aos alunos com frequência insuficiente, evitando, sempre que possível, a retenção por faltas;

VII – possibilitar a aceleração de estudos para os alunos com defasagem idade-série. (Brasil, 2010a, p. 9-10)

O **processo avaliativo** se configura como um instrumento necessário para a verificação da aprendizagem dos estudantes, já que por meio dele é possível constatar se os objetivos propostos para aquele momento foram ou não alcançados e o professor pode refletir no e sobre o processo de ensino e aprendizagem.

A avaliação deve ser desenvolvida durante todo o processo de ensino. Segundo Luckesi (2011, p. 115), a avaliação deve ser "assumida como um instrumento de compreensão do estágio de aprendizagem em que se encontra o aluno, tendo em vista tomar decisões suficientes e satisfatórias para que possa avançar no seu processo de aprendizagem".

Nesse sentido, a avaliação é denominada **avaliação diagnóstica**, pois possibilita identificar os conhecimentos já apreendidos e o que precisa ser ensinado.

A esse respeito, Luckesi (2011, p. 115-116) acrescenta que "a avaliação não seria um instrumento para aprovação ou reprovação dos alunos, mas sim um instrumento de diagnóstico de sua situação, tendo em vista a definição de encaminhamentos adequados para a sua aprendizagem".

A partir da avaliação diagnóstica, o professor pode planejar como desenvolver sua prática pedagógica, para que o aluno aprenda os conhecimentos e/ou desenvolva habilidades.

Conforme Haydt (2006, p. 292-293, grifo do original), ao iniciar um período letivo ou uma unidade de ensino,

> *o professor estabelece quais são os conhecimentos que seus alunos devem adquirir, bem como as habilidades ou atitudes a serem desenvolvidas. Esses conhecimentos, habilidades e atitudes devem ser constantemente avaliados, durante a realização de atividade, fornecendo informação tanto do professor como para o aluno sobre o que já foi assimilado e o que ainda precisa ser dominado. Caso os alunos tenham alcançado todos os objetivos previstos, podem continuar avançando no conteúdo curricular e iniciar outra unidade de ensino. Mas se um grupo não conseguiu atingir as metas propostas, cabe ao*

professor organizar novas situações de aprendizagem para dar a todos condições de êxito nesse processo. Essa forma de avaliar é denominada **avaliação formativa** *e sua função é verificar se os objetivos estabelecidos para a aprendizagem foram atingidos.*

Esse modelo de avaliação permite que o professor reflita sobre sua prática pedagógica e verifique o que o estudante aprendeu e o que precisa aprender.

> **Pare e pense**
> Por que avaliar?

A avaliação, de modo geral, é realizada com o propósito de orientar o ensino por meio da concepção do conteúdo ministrado ou da metodologia aplicada, bem como de acompanhar a aprendizagem e as dificuldades dos estudantes, permitindo, desse modo, que o professor avalie sua prática pedagógica.

Assim, a avaliação é um instrumento que possibilita ao professor, ao longo do ano letivo, acompanhar o processo de aprendizagem do estudante mediante a aplicação de atividades planejadas, bem como retomar sua prática pedagógica e realizar intervenções, sempre que houver necessidade.

Após a análise dos resultados obtidos nas avaliações, o professor pode tomar decisões assertivas para a melhoria do desempenho do estudante na construção do conhecimento.

Tendo isso em vista, cabe ressaltar que, além da avaliação da aprendizagem, é preciso também avaliar as condições de ensino, a fim de garantir a qualidade do processo. Nesses termos, nota-se que a avaliação escolar constitui um ato intrínseco ao processo de ensino e aprendizagem, pois, como explica Vasconcellos (2000), um dos objetivos da avaliação escolar é garantir a aprendizagem por parte de todos os estudantes.

> Em outras palavras, pode-se dizer que a avaliação tem a finalidade de direcionar o ensino do professor no sentido de promover a aprendizagem do estudante, bem como de acompanhar o processo de construção do conhecimento por parte desse estudante, assegurando que a forma de avaliação adotada seja coerente com o conteúdo ensinado e a metodologia de ensino aplicada em sala de aula.

No entanto, a abordagem do tema *avaliação*, nos dias atuais, exige que se delimitem as funções desse instrumento pedagógico no processo de ensino e aprendizagem, já que, por meio do conhecimento dessas funções, será possível estabelecer os critérios de análise do aproveitamento por parte do estudante.

Perceba que, por apresentar funções diferenciadas no que se refere ao alcance de objetivos, a avaliação se configura como o recurso pedagógico que mais requer mudanças didáticas, pois, dependendo dos resultados obtidos nesse processo, faz-se necessário que o professor modifique sua forma de desenvolver as aulas e avaliar para que, assim, seus objetivos sejam plenamente atingidos.

O ato de avaliar pode nortear a prática educativa a fim de obter respostas para muitas questões. Pode-se verificar se a aprendizagem está sendo alcançada e quais são as dificuldades existentes ou, então, se há a necessidade de realizar alterações no planejamento de ensino que possibilitem diagnosticar a aprendizagem de cada estudante.

A avaliação tem um caráter norteador da prática docente, pois ela se constitui em um procedimento no qual – por meio dos registros que o professor faz em sala de aula – é possível interpretar os resultados obtidos em todas as atividades realizadas pelo estudante, bem como os avanços e as dificuldades enfrentadas por ele no decorrer do ano letivo.

Para a superação das dificuldades inicialmente encontradas no processo, é necessário que o professor demonstre interesse pelo desempenho do estudante, pois, assim, saberá o quanto este aprendeu do conteúdo que foi ministrado, acabando por atingir os objetivos desejados.

Nesse contexto, Praia, Cachapuz e Gil-Pérez (2002, p. 255) entendem que o professor *deve procurar, sim, incentivar os estudantes a conscientizarem suas dificuldades, a pensarem sobre o porquê delas, estando atento aos obstáculos que se colocam à aprendizagem, ou seja, deve ajudá-los e dar-lhes confiança para que possam se exprimir num clima de liberdade, sem perda do rigor intelectual.*

Vasconcellos (2000) corrobora esse pensamento quando trata da importância da relação professor-aluno no processo de ensino e aprendizagem. Para ele, essa mudança na atitude do professor faz com que o estudante o visualize de maneira diferenciada, passando a reconhecê-lo como a pessoa que está ali para ensiná-lo, além de ajudá-lo a superar suas dificuldades.

Note que o caráter diagnóstico da avaliação é constatado quando se torna possível identificar os aspectos referentes aos progressos e às dificuldades vivenciados durante o processo de ensino-aprendizagem, tanto pelo professor quanto pelo estudante.

Para que isso aconteça, a avaliação deve ser contínua a fim de que possa cumprir sua função de auxiliar o processo de ensino-aprendizagem, pois, quando ocorre dessa forma, feita ao longo de todo o ano pelos professores, ela se dilui no fluxo do trabalho cotidiano em aula (Perrenoud, 1999; Vasconcellos, 2000).

Se praticada dessa forma, a avaliação se constituirá em um parâmetro de análise constante do trabalho do professor, em que será possível refletir sobre suas estratégias e metodologias em sala de aula, tendo a possibilidade de reformular esses procedimentos.

> Para que a avaliação auxilie o processo de ensino e aprendizagem na verificação de conhecimentos dos estudantes, diferentes recursos devem ser mobilizados ao longo do processo. Por meio de uma avaliação contínua, que se faz com a utilização de diversos instrumentos avaliativos, diferentes aprendizagens poderão ser diagnosticadas e variadas formas de acompanhamento das aprendizagens poderão ser aplicadas no decorrer do processo.

Fernandes e Freitas (2007, p. 27) esclarecem que inúmeras práticas avaliativas "permeiam o cotidiano escolar. Em uma mesma escola, ou até em uma sala de aula, é possível identificarmos práticas de avaliação concebidas a partir de diferentes perspectivas teóricas e concepções pedagógicas e de ensino".

Nesse sentido, tendo em vista a variação nos procedimentos de avaliação, propomos, então, que as provas escritas não sejam o único modo de avaliar o estudante, utilizando-se outros instrumentos avaliativos.

Sobre as diversas formas de elaborar instrumentos avaliativos, Fernandes e Freitas (2007, p. 27-28) argumentam:

Ao falarmos de instrumentos utilizados nos processos de avaliação, estaremos falando das tarefas que são planejadas com o propósito de subsidiar, com dados, a análise do professor acerca do momento de aprendizagem de seus estudantes.

Há variadas formas de se elaborar instrumentos. Eles podem ser trabalhos, provas, testes, relatórios, interpretações, questionários etc., referenciados nos programas gerais de ensino existentes para as redes escolares e que definem objetivos e conteúdos para uma determinada etapa ou série, ou podem ser referenciados no conhecimento que o professor tem do real estágio de desenvolvimento de seus alunos e do percurso que fizeram na aprendizagem.

Propomos, na sequência, outros instrumentos de avaliação, além das tradicionais provas escritas. Porém, é necessário que esses instrumentos sejam bem elaborados para diagnosticar o desenvolvimento dos estudantes e a aprendizagem, podendo ser aplicados de forma individual ou coletiva, oral ou escrita, dependendo do enfoque que lhes é dado.

Na prática pedagógica do professor, instrumentos de avaliação diversificados podem ser aplicados para a aprendizagem dos conteúdos, estando estes de acordo com os objetivos definidos para cada etapa de ensino. Entre esses instrumentos, podemos citar:

- avaliação oral;
- atividades escritas;
- atividades lúdicas;
- resumos;
- produção de texto;
- estudo de caso;
- portfólios;
- dramatização;
- projetos;
- confecção de maquetes;
- construção de painéis/murais;
- experimentação;
- autoavaliação;
- exposição interativa-dialogada;
- trabalho em grupo;
- rodas de conversa e debate;
- desenho/esquemas/quadros/tabelas/gráficos;
- visitas técnicas.

Além dos instrumentos avaliativos sugeridos, outras formas avaliativas podem ser mencionadas, tais como elaboração e explicação de mapas conceituais, elaboração de relatórios das aulas experimentais, trabalhos de pesquisa, construção de modelos, resolução de exercícios, elaboração e desenvolvimento de projetos de aprendizagem, apresentação de trabalhos em feiras de ciências, apresentação de seminários, elaboração de *slides*, produção de vídeos, *podcasts*, *blogs*, entre outros.

Portanto, o professor pode implementar diferentes instrumentos avaliativos para auxiliar sua prática docente, não se limitando a apenas um tipo de registro sobre a aprendizagem do estudante.

Com a finalidade de avaliar e acompanhar o processo de aprendizagem dos estudantes, alguns critérios podem ser considerados na valoração da nota, entre os quais estão a coerência e a interpretação de textos em pesquisas e filmes, a organização e o desempenho em seminários, debates, murais, mapas conceituais, portfólios e feiras de ciências, a descrição e a socialização dos resultados obtidos nas aulas experimentais, assim como a observação e a interpretação das informações obtidas em atividades lúdicas, produção de vídeos, *podcasts* e visitas técnicas.

No que se refere ao ensino das ciências biológicas e demais componentes das ciências naturais, uma vez que estas se configuram em áreas do conhecimento que se utilizam do método de observação e de experimentação, vários instrumentos podem ser utilizados como processos avaliativos.

As aulas experimentais podem ser avaliadas por meio de relatórios dos experimentos, mapas conceituais sobre os experimentos, pesquisa sobre as temáticas relacionadas com os experimentos, entre outros.

De acordo com Libâneo (2008, p. 200), a avaliação escolar "é uma parte integrante do processo de ensino-aprendizagem, e não uma etapa isolada. Há uma exigência de que esteja concatenada com os objetivos-conteúdos-métodos expressos no plano de ensino e desenvolvidos no decorrer das aulas".

Para tanto, é necessário que o professor planeje cada aula, buscando atingir os objetivos e trabalhar os conteúdos de forma que leve o estudante à aprendizagem significativa.

A avaliação também permite que seja realizada a **revisão do plano de ensino,** pois o levantamento dos conhecimentos dos estudantes antes de iniciar um novo conteúdo e a verificação do desempenho alcançado e da assimilação do conhecimento possibilitam ao professor rever seu método de trabalho, as estratégias adotadas e as intervenções necessárias para que a aprendizagem do estudante seja efetivada.

Libâneo (2008, p. 203) afirma que a avaliação "é um ato pedagógico. Nela o professor mostra as suas qualidades de educador na medida em que trabalha sempre com propósitos definidos em relação ao desenvolvimento das capacidades físicas e intelectuais dos alunos face às exigências da vida social".

A avaliação precisa, pois, ser planejada com base nos objetivos educacionais, levando em consideração o perfil dos estudantes e as exigências do cotidiano vivenciado.

Sobre as atividades avaliativas realizadas individualmente ou em grupos, Kenski (2008, p. 144) defende *as atividades individuais ou grupais, sejam elas testes, pesquisas, buscas, sínteses ou qualquer outro procedimento similar, só se apresentam com força, colaborando para a aprendizagem, quando seus resultados são apresentados, debatidos, questionados e (re)trabalhados no coletivo formado pelo grupo de alunos e professor.*

Nesse contexto, é importante que o professor faça a correção das atividades, discuta os resultados e possibilite que elas sejam refeitas, pois, assim, os estudantes terão a oportunidade de refletir sobre os erros e realizar a correção, configurando uma ação para a aprendizagem.

> **Preste atenção!**
>
> De acordo com o art. 24 da Lei n. 9.394, de 20 de dezembro de 1996, que dispõe sobre as Diretrizes e Bases da Educação Nacional (Brasil, 1996), a avaliação deve ser "contínua e cumulativa [...], com prevalência dos aspectos qualitativos sobre os quantitativos e dos resultados ao longo do período sobre os de eventuais provas finais".

Portanto, a avaliação deve ocorrer em todos os momentos do processo de ensino e aprendizagem. Ela precisa ser planejada de modo que os instrumentos avaliativos contemplem aspectos mais qualitativos do que quantitativos.

No planejamento da avaliação, é importante o professor considerar, além dos conteúdos e das temáticas, as competências, as habilidades e as atitudes que os estudantes possam desenvolver no processo de ensino e aprendizagem

Grounlund (1979), citado por Luckesi (2011, p. 252), define que "as aprendizagens de 'domínio' se referem aos conteúdos que devem ser ensinados e aprendidos (conhecimento, procedimento e atitude) e aprendizagens de 'desenvolvimento' significam ir além dos conteúdos, ou seja, o que o estudante fará com o domínio dos conteúdos aprendidos".

Dessa maneira, é importante que o professor planeje as aulas, as propostas educativas e as atividades com foco nos objetivos educacionais e nos objetivos dos componentes curriculares e que trabalhe com diversas metodologias para ensinar os estudantes a dominar os conteúdos e aplicá-los no dia a dia.

Na visão de Hoffmann (1991, p. 67), "a avaliação como prática pedagógica que compõe a mediação didática realizada pelo professor é entendida como ação, movimento, provocação, na tentativa de reciprocidade intelectual entre os elementos da ação educativa".

Nesse sentido, note que é necessário o comprometimento do professor na superação das dificuldades do estudante durante o processo de ensino e aprendizagem, cabendo a ele identificar quais são essas dificuldades para que o estudante obtenha uma aprendizagem significativa.

Como já afirmamos, a avaliação permite que o professor reflita sobre sua prática pedagógica. Com base na avaliação, é possível repensar e planejar o processo de ensino e aprendizagem para contribuir para o bom desempenho do estudante. As atividades propostas podem ser aplicadas em grupos de estudos extraescolares e de reforço escolar.

Segundo Krasilchik (2008, p. 140-141), a avaliação de um curso ou de uma unidade de estudo deve ser planejada e vários são os fatores que devem ser considerados nela, quais sejam:

› **Periodicidade das provas**: é fundamental definir e informar aos alunos, no início dos trabalhos escolares, o número de provas que serão realizadas e o intervalo entre elas.

› **Tempo**: o período para a realização da avaliação deve ser suficiente para poder avaliar o aprendizado do aluno.

› **Instrumentos**: para que o professor obtenha dados sobre o seu trabalho e o aprendizado do aluno, é necessário selecionar adequadamente os instrumentos de avaliação. Os mais usados são fichas para observação dos alunos e provas.

Haydt (2006), nessa mesma vertente, expõe que, para avaliar o aproveitamento do estudante, existem três técnicas básicas e uma grande variedade de instrumentos de avaliação.

A seguir, expomos no Quadro 6.1, as técnicas e os instrumentos de avaliação, propostos por essa autora.

QUADRO 6.1 – TÉCNICAS E INSTRUMENTOS DE AVALIAÇÃO

Técnicas	Instrumentos	Objetivos básicos
Observação	Registro da observação › fichas › caderno	Verificar o desenvolvimento cognitivo, afetivo e psicossocial do educando, em decorrência das experiências vivenciadas.
Autoavaliação	Registro de autoavaliação	
Aplicação de provas › arguição › dissertação › testagem	Prova oral Prova escrita › dissertativa › objetiva	Determinar o aproveitamento cognitivo do aluno, em decorrência da aprendizagem.

Fonte: Haydt, 2006, p. 296.

Ao selecionar as técnicas e os instrumentos de avaliação da aprendizagem, conforme Haydt (2006, p. 296), o professor

> *deve considerar os seguintes aspectos: os objetivos visados para o ensino-aprendizagem (aplicação de conhecimentos, habilidades, atitudes), a natureza do componente curricular ou área de estudo, os métodos e procedimentos usados no ensino e as situações de*

aprendizagem, as condições de tempo do professor e o número de alunos da classe.

A avaliação por meio de provas, por sua vez, pode ter questões de **resposta estruturada** ou **objetiva** ou questões de **resposta livre**. De acordo com Libâneo (2008, p. 207), "as provas de questões objetivas avaliam a extensão de conhecimentos e habilidades e possibilitam a elaboração de maior número de questões".

As questões de resposta livre devem ser respondidas pelos estudantes com base em seus conhecimentos, os quais podem ser apresentados de forma discursiva ou pela marcação de uma letra ou número, conforme a estrutura da questão.

De acordo com Krasilchik (2008, p. 143), "há vários tipos de questões de resposta estruturada, sendo as mais usadas no ensino de Biologia as questões, ou itens, de múltipla escolha".

Também para essa autora, "as questões de respostas livres são as que exigem dos alunos respostas estruturadas e apresentadas com suas próprias palavras, prestando-se, portanto, a avaliar a capacidade de analisar problemas, sintetizar conhecimentos, compreender conceitos, emitir juízos de valor etc." (Krasilchik, 2008, p. 147).

Ainda sobre esse assunto, Libâneo (2008, p. 205) afirma que

> *a prova escrita dissertativa compõe-se de um conjunto de questões ou temas que devem ser respondidos pelos alunos com suas próprias palavras. Para esse autor, as questões da prova precisam ser elaboradas de forma clara e atender os conteúdos trabalhados, além das habilidades intelectuais dos alunos na assimilação dos conteúdos.*

Por concordarmos com o pensamento de Schnetzler (1992), no sentido de que o estilo de ensino do professor depende das ações que pratica em sala de aula e das interações que mantém com seus estudantes, fazemos nossas as palavras dessa autora:

> *o estilo de ensino de um professor manifesta a sua concepção de educação, de aprendizagem e dos conhecimentos e atividades que propicia aos seus alunos. Por isso, ao se propor um novo modelo de ensino, deve-se explicitar efetivamente as concepções de aluno, de aprendizagem e de conhecimento que estão subjacentes ao modelo. Além disso, as atividades propostas aos alunos, a organização do conteúdo, as interações em sala de aula e os procedimentos de avaliação adotados devem ser examinados em termos de coerência com aquelas concepções. Caso contrário,*

corre-se o risco de colocar em prática procedimentos de ensino cujos efeitos serão diferentes dos inicialmente pretendidos ou, ainda, de serem inadequados para propiciar a ocorrência de aprendizagem significativa. (Schnetzler, 1992, p. 17)

Assim, os processos avaliativos podem ajudar o estudante a progredir na aprendizagem e, ainda, orientar a ação pedagógica do professor. Para tanto, é necessário o planejamento das atividades didático-pedagógicas, bem como a reflexão durante e após o desenvolvimento das aulas.

SÍNTESE

Neste capítulo, apresentamos os principais aspectos do planejamento de ensino, indicando que, por meio dele, são tomadas todas as decisões que se referem ao processo pedagógico.

Abordamos a organização de atividades com o uso dos recursos didáticos, mostrando que a utilização de tecnologias diferenciadas é um modo de diversificar as aulas, tornando-as mais interessantes na visão dos estudantes.

Por meio dos assuntos abordados, você pôde observar a importância dos processos avaliativos na verificação da aprendizagem dos estudantes e as principais características desses processos, sua finalidade e os aspectos que levam a constatar o caráter diagnóstico da avaliação

Vimos ainda que a avaliação deve ser contínua para que possa cumprir sua função de auxiliar o processo de ensino e aprendizagem, já que essa é uma forma de direcionar a prática pedagógica do professor.

Você pôde verificar também que é necessário o professor incentivar os estudantes a se conscientizarem de suas dificuldades e a pensarem sobre o porquê delas, estando atento aos obstáculos que se colocam à aprendizagem.

Propomos, por fim, outros instrumentos de avaliação, além das tradicionais provas escritas, enfatizando que é essencial que essas ferramentas sejam bem equilibradas, para detectar o nível de complexidade dos conceitos desenvolvidos pelos estudantes, podendo ser aplicadas de forma individual ou coletiva, oral ou escrita.

INDICAÇÕES CULTURAIS

LIVRO

LUCKESI, C. C. Avaliação da aprendizagem escolar: estudos e proposições. 22. ed. São Paulo: Cortez, 2011.

Esse livro trata da avaliação da aprendizagem escolar, do planejamento da avaliação e dos instrumentos avaliativos. A obra permite que o professor reconheça o processo de planejar, executar e avaliar como um caminho para o sucesso da aprendizagem e possibilita a reflexão sobre a prática docente.

MORETTO, V. P. Prova: um momento privilegiado de estudo não um acerto de contas. 9. ed. Rio de Janeiro: Lamparina, 2014.

Essa obra leva o professor a refletir sobre a avaliação da aprendizagem e os instrumentos avaliativos.

ATIVIDADES DE AUTOAVALIAÇÃO

[1] Assinale a alternativa correta sobre planejamento de ensino:
   [A] É um procedimento didático necessário para nortear as ações do processo pedagógico de forma a atender aos objetivos que se pretende atingir.
   [B] Exige somente a seleção de livros didáticos atualizados.
   [C] Não deve levar em consideração o perfil dos estudantes.
   [D] Nele não são previstas as formas de avaliação.

[2] As situações de aprendizagem relacionadas com a definição de problemas do ensino de ciências naturais para o ensino fundamental, de acordo com a BNCC (Brasil, 2018a), são:
   [I] Observar o mundo à sua volta e fazer perguntas.
   [II] Analisar demandas, delinear problemas e planejar investigações.
   [III] Propor hipóteses.
   [IV] Organizar e/ou extrapolar conclusões.

Estão corretos os itens:
[A] I e II, apenas.
[B] I, II, III e IV.
[C] II e IV, apenas.
[D] I, II e III, apenas.

[3] Para selecionar um procedimento de ensino, o professor deve considerar como critérios:
[A] somente os objetivos a serem atingidos.
[B] a aprendizagem a ser efetivada.
[C] a adequação aos objetivos estabelecidos para o ensino e a aprendizagem, a natureza do conteúdo a ser ensinado e o tipo de aprendizagem a ser efetivado.
[D] os conteúdos a serem ministrados.

[4] Os recursos audiovisuais precisam ser selecionados de acordo com:
[A] o tempo de aula.
[B] o livro didático adotado na escola.
[C] o conteúdo a ser ensinado.
[D] o método selecionado.

[5] Assinale a alternativa correta sobre a avaliação:
[A] Tem caráter somente diagnóstico.
[B] Permite avaliar somente o desempenho do aluno.
[C] Deve considerar o desenvolvimento das capacidades dos estudantes com relação à aprendizagem dos conceitos.

[D] Deve considerar o desenvolvimento das capacidades dos estudantes com relação à aprendizagem dos conceitos, dos procedimentos e das atitudes.

ATIVIDADES DE APRENDIZAGEM

QUESTÕES PARA REFLEXÃO

Reflita e discuta com seu grupo de estudos as seguintes questões:

[1] Como deve ser a prática da avaliação escolar?

[2] As questões elaboradas em suas avaliações são contextualizadas?

ATIVIDADES APLICADAS: PRÁTICA

[1] Elabore uma ficha de observação do estudante para uma atividade a ser desenvolvida no laboratório.

[2] Elabore uma avaliação para o 1º ano do ensino fundamental, atendendo aos objetivos e aos critérios de avaliação.

[3] Pesquise sobre as unidades temáticas do currículo de Ciências dos anos finais do ensino fundamental, de acordo com a BNCC (Brasil, 2018a).

considerações finais...

Sabemos que os componentes curriculares da área de ciências naturais, com destaque para as ciências biológicas, são constituídos por linguagem e simbologias próprias e que sua aprendizagem é dependente de excessiva memorização de conceitos, nomes, símbolos e fórmulas.

Diante de tal fato, e uma vez que a metodologia de ensino é o centro da prática pedagógica, você pode perceber que a falta de metodologias diferenciadas dificulta a aprendizagem do estudante nessas áreas do conhecimento.

Por isso, é importante que o professor dos componentes das ciências da natureza adote metodologias e estratégias de ensino que promovam a assimilação e a produção dos conceitos científicos, para que, desse modo, o estudante obtenha uma aprendizagem significativa.

Tendo em vista que o objetivo mais amplo desta obra é o conhecimento de metodologias do ensino de ciências biológicas e dos demais componentes curriculares das ciências da natureza – as quais contribuem para o desenvolvimento das práticas pedagógicas do professor, visando à aprendizagem do estudante –, buscamos fornecer um embasamento teórico-metodológico que leve você a refletir sobre sua própria prática docente, bem como a compreender as aplicações de metodologias adequadas para a construção do conhecimento científico.

Com esse propósito, iniciamos retratando os aspectos fundamentais da ciência, seus métodos, sua classificação e as características peculiares da área de ciências da natureza e seus componentes curriculares, bem como apresentamos os fundamentos do conhecimento do senso comum para a formação de conceitos.

Na sequência, abordamos a importância do ensino de ciências naturais para o ensino infantil, descrevendo sua organização em campos de experiências e objetivos de aprendizagem que devem ser alcançados para o desenvolvimento integral da criança.

Em seguida, enfocamos a importância do estudo de ciências naturais no ensino fundamental, apresentando a organização dos conteúdos da área nessa etapa da educação básica e a relação entre tais conteúdos e as diferentes ciências.

Tratamos ainda do estudo das ciências naturais no ensino médio, destacando a organização dos conteúdos da área de ciências da natureza e suas tecnologias para as três séries dessa etapa de ensino.

Mostramos também que, em virtude do contexto social no qual o estudante está inserido, diferentes propostas para o ensino de ciências naturais têm sido apresentadas nos últimos anos, o que contribuiu deveras para o desenvolvimento da educação.

Analisamos, ainda, os métodos de ensino utilizados em sala de aula para o desenvolvimento do conhecimento científico, bem como os conceitos de metodologia do ensino e métodos de ensino e seus princípios. Vimos também as implicações pedagógicas relacionadas ao método de investigação científica e à produção do conhecimento, enfatizando que a abordagem interdisciplinar dos conteúdos pode ser uma estratégia de ensino e aprendizagem motivadora para os estudantes.

Finalmente, tratamos do planejamento e da organização de atividades por meio de textos, livros didáticos, atividades de campo e recursos tecnológicos, evidenciando a importância dos processos avaliativos na verificação da aprendizagem dos estudantes, retratando suas principais características, sua finalidade e os aspectos que nos levam a constatar o caráter diagnóstico da avaliação.

Esperamos que esta obra tenha apresentado informações que ajudem você que atua na área de ciências da natureza, em especial na área de ciências biológicas, a enriquecer sua prática pedagógica.

referências...

ABRANTES, A. A.; MARTINS, L. M. A produção do conhecimento científico: relação sujeito-objeto e desenvolvimento do pensamento. Interface: Comunicação, Saúde, Educação, Botucatu, v. 11, n. 22, p. 313-325, maio/ago. 2007. Disponível em: <http://www.scielo.br/pdf/icse/v11n22/10.pdf>. Acesso em: 20 ago. 2024.

ANTUNES, K. F. da S. Os benefícios do uso pedagógico dos recursos audiovisuais em sala de aula, segundo os estudantes do Centro de Ensino Médio 804 do Recanto das Emas. Monografia (Especialização em Gestão Escolar) – Universidade de Brasília, Brasília, 2015. Disponível em: <https://bdm.unb.br/bitstream/10483/16909/1/2015_KateFranciscaAntunes_tcc.pdf>. Acesso em: 16 jul. 2024.

ARANHA, M. L. A.; MARTINS, M. H. P. Filosofando: introdução à filosofia. 3. ed. rev. São Paulo: Moderna, 2003.

ARMSTRONG, D. L. de P. Fundamentos filosóficos do ensino de ciências naturais. Curitiba: Ibpex, 2008.

BACICH, L.; MORAN, J. (Org.). Metodologias ativas para uma educação inovadora. Porto Alegre: Penso, 2018.

BASTOS, C. L.; KELLER, V. Aprendendo a aprender: introdução à metodologia científica. 12. ed. Petrópolis: Vozes, 1999.

BRASIL. Lei n. 9.394, de 20 de dezembro de 1996. Diário Oficial da União, Poder Legislativo, Brasília, DF, 23 dez. 1996. Disponível em: <http://www.planalto.gov.br/ccivil_03/Leis/L9394.htm>. Acesso em: 16 jul. 2024.

BRASIL. Lei n. 11.794, de 8 de outubro de 2008. Diário Oficial da União, Poder Legislativo, Brasília, DF, 9 out. 2008. Disponível em: <https://www.planalto.gov.br/ccivil_03/_ato2007-2010/2008/lei/l11794.htm>. Acesso em: 16 jul. 2024.

BRASIL. Ministério da Educação. Base Nacional Comum Curricular: educação é a base. Brasília, 2018a. Disponível em: <http://basenacionalcomum.mec.gov.br/images/BNCC_EI_EF_110518_versaofinal_site.pdf>. Acesso em: 15 jul. 2024.

BRASIL. Ministério da Educação. Conselho Nacional de Educação. Câmara de Educação Básica. Parecer n. 1.301, de 6 de novembro de 2001. Diário Oficial da União, Brasília, DF, 7 dez, 2001. Disponível em: <http://portal.mec.gov.br/cne/arquivos/pdf/CES1301.pdf>. Acesso em: 27 ago. 2024.

BRASIL. Ministério da Educação. Conselho Nacional de Educação. Câmara de Educação Básica. Resolução n. 7, de 14 de dezembro de 2010. Diário Oficial da União, Brasília, DF, 15 dez. 2010a. Disponível em: <http://portal.mec.gov.br/dmdocuments/rceb007_10.pdf>. Acesso em: 15 jul. 2024.

BRASIL. Ministério da Educação. Conselho Nacional de Educação. Câmara de Educação Básica. Resolução n. 3, de 21 de novembro de 2018. Diário Oficial da União, Brasília, DF, 22 nov. 2018b. Disponível em: <http://portal.mec.gov.br/index.php?option=com_docman& view=download&alias=102481-rceb003-18&category_slug= novembro-2018-pdf&Itemid=30192>. Acesso em: 25 ago. 2024.

BRASIL. Ministério da Educação. Portaria n. 1.432, de 28 de dezembro de 2018. Diário Oficial da União, Brasília, DF, 5 abr. 2019. Disponível em: <https://www.in.gov.br/materia/-/asset_publisher/ Kujrw0TZC2Mb/content/id/70268199>. Acesso em: 25 ago. 2024.

BRASIL. Ministério do Meio Ambiente. Ministério da Educação. Instituto Brasileiro de Defesa do Consumidor. Consumo sustentável: manual de educação. Brasília, 2005. Disponível em: <http://portal. mec.gov.br/dmdocuments/publicacao8.pdf>. Acesso em: 16 jul. 2024.

BRASIL. Ministério da Educação. Secretaria de Educação Básica. Diretrizes Curriculares Nacionais Gerais da Educação Básica. Brasília, 2013. Disponível em: <http://portal.mec.gov.br/index.php? option=com_docman&view=download&alias=13448-diretrizes-curiculares-nacionais-2013-pdf&Itemid=30192>. Acesso em: 16 jul. 2024.

BRASIL. Ministério da Educação. Secretaria de Educação Básica. Diretrizes Curriculares Nacionais para a Educação Infantil. Brasília, 2010b. Disponível em: <http://portal.mec.gov.br/dmdocuments/ diretrizescurriculares_2012.pdf>. Acesso em: 15 jul. 2024.

BRITO, S. L. Um ambiente multimediatizado para a construção do conhecimento em química. In: MORTIMER, E. F. (Org.). Química: ensino médio. Brasília: Ministério da Educação/Secretaria de Educação Básica, 2006. p. 133-136. (Coleção Explorando o Ensino, v. 4).

CARLOS, J. G. Interdisciplinaridade: o que é isso? Disponível em: <https://www.pucsp.br/prosaude/downloads/territorio/o-que-e-interdisciplinaridade.pdf>. Acesso em: 15 jul. 2024.

CHASSOT, A. Alfabetização científica: uma possibilidade para a inclusão social. Revista Brasileira de Educação, v. 22, p. 89-100, abr. 2003. Disponível em: <https://www.scielo.br/j/rbedu/a/gZX6NW4YCy6fCWFQdWJ3KJh/?lang=pt&form#>. Acesso em: 15 jul. 2024.

COTRIM. G. Fundamentos da filosofia: história e grandes temas. 15. ed. São Paulo: Saraiva, 2002.

DELIZOICOV, D.; ANGOTTI, J. A.; PERNAMBUCO, M. M. Ensino de ciências: fundamentos e métodos. 2. ed. São Paulo: Cortez, 2007. (Coleção Docência em Formação).

DELIZOICOV, D.; ANGOTTI, J. A.; PERNAMBUCO, M. M. Ensino de ciências: fundamentos e métodos. São Paulo: Cortez, 2009. (Coleção Docência em Formação)

DEUNER, C. B.; COLDEBELLA, L. C.; FIORENTIN, R.A. Implicações da legislação educacional no currículo escolar. In: BARP, E. A. (Org.). Capacitação docente: conhecendo a BNCC. Santa Catarina: Ed. da UnC, 2020. p. 19-38. Disponível em: <https://uni-contestado-site.s3.amazonaws.com/site/biblioteca/ebook/EBOOK_Capacitacao_Docente.pdf>. Acesso em: 15 jul. 2024.

FACHIN, O. Fundamentos de metodologia: noções básicas em pesquisa científica. 6. ed. São Paulo: Saraiva, 2005.

FARIAS, I. M. S. et al. Didática e docência: aprendendo a profissão. Brasília: Liber Livro, 2009.

FERNANDES, C. O.; FREITAS, L. C. de. Indagações sobre currículo: currículo e avaliação. Brasília: Ministério da Educação/Secretaria de Educação Básica, 2007. Disponível em: <http://portal.mec.gov.br/seb/arquivos/pdf/Ensfund/indag5.pdf>. Acesso em: 16 jul. 2024.

FERREIRA, V. de S. et al. Didática. Porto Alegre: Sagah, 2018.

FRACALANZA, H.; AMARAL, I. A.; GOUVEIA, M. S. F. O ensino de ciências no primeiro grau. São Paulo: Atual, 1986.

FUMAGALLI, L. O ensino das ciências naturais no nível fundamental da educação formal: argumentos a seu favor. In: WEISSMANN, H. (Org.). Didáticas das ciências naturais: contribuições e reflexões. São Paulo: Artmed, 1998. p. 13-29.

GIL-PÉREZ, D.; CARVALHO, A. M. P. Formação de professores de ciências: tendências e inovações. 4. ed. São Paulo: Cortez, 2000.

GIOPPO, C.; BARRA, V. M. M. A avaliação em ciências naturais nas séries iniciais. Curitiba: Ed. da UFPR, 2005. (Coleção Avaliação da Aprendizagem, v. 6).

GONÇALVES, A.; REIS, A.; RIBARCKI, F. Introdução ao ensino de ciências. Porto Alegre: Sagah, 2017.

HAYDT, R. C. C. Curso de didática geral. 7. ed. São Paulo: Ática, 2006.

HAYDT, R. C. C. Curso de didática geral. São Paulo: Ática, 1994.

HENNING, G. J. Metodologia do ensino de ciências. Porto Alegre: Mercado Aberto, 1986.

HOFFMANN, J. M. L. Avaliação: mito e desafio – uma perspectiva construtivista. Porto Alegre: Educação e Realidade, 1991.

HOFSTEIN, A.; LUNNETA, V. N. The Role of the Laboratory in Science Teaching: Neglected Aspects of Research. Review of Educational Research, v. 52, n. 2, p. 201-217, 1982.

JAPIASSÚ, H. Interdisciplinaridade e patologia do saber. Rio de Janeiro: Imago, 1976.

KAUFMAN, M.; SERAFINI, C. A horta: um sistema ecológico. In: WEISSMANN, H. (Org.). Didática das ciências naturais: contribuições e reflexões. Porto Alegre: Artmed, 1998. p. 153-183.

KENSKI, V. M. Educação e tecnologias: o novo ritmo da informação. Campinas: Papirus, 2008.

KLOSOUSKI, S. S.; REALI, K. M. Planejamento de ensino como ferramenta básica do processo ensino-aprendizagem. Unicentro – Revista Eletrônica Lato Sensu, Guarapuava, n. 5, 2008. Disponível em: <http://web03.unicentro.br/especializacao/Revista_Pos/P%C3%A1ginas/5%20Edi%C3%A7%C3%A3o/Humanas/PDF/7-Ed5_CH-Plane.pdf>. Acesso em: 15 nov. 2022.

KRASILCHIK, M. Prática de ensino de biologia. 4. ed. São Paulo: Edusp, 2008.

LACREU, L. I. Ecologia, ecologismo e abordagem ecológica no ensino das ciências naturais: variações sobre um tema. In: WEISSMANN, H. (Org.). Didática das ciências naturais: contribuições e reflexões. Porto Alegre: Artmed, 1998. p. 53-76.

LIBÂNEO, J. C. Didática. São Paulo: Cortez, 2008.

LORENZETTI, L.; DELIZOICOV, D. Alfabetização científica no contexto das séries iniciais. Ensaio: Pesquisa em Educação em Ciências, v. 3, n. 1, p. 45-61, 2001. Disponível em: <https://www.scielo.br/j/epec/a/N36pNx6vryxdGmDLf76mNDH/?format=pdf&lang=pt>. Acesso em: 15 jul. 2024.

LUCKESI, C. C. Avaliação da aprendizagem escolar. 3. ed. São Paulo: Cortez, 1996.

LUCKESI, C. C. Avaliação da aprendizagem escolar: estudos e proposições. 22. ed. São Paulo: Cortez, 2011.

LUCKESI, C. C. Filosofia da educação. São Paulo: Cortez, 1992. (Coleção Magistério).

MACHADO, N. J. Educação: projetos e valores. 3. ed. São Paulo: Escrituras, 2000. (Coleção Ensaios Transversais).

MARCONDES, M. E. R. As ciências da natureza nas 1ª e 2ª versões da Base Nacional Comum Curricular. Estudos Avançados, v. 32, p. 269-284, 2018.

MARCONI, M. A.; LAKATOS, E. M. Fundamentos de metodologia científica. 9. ed. São Paulo: Atlas, 2023.

MARCONI, M. A.; LAKATOS, E. M. Metodologia científica. 8. ed. Barueri: Atlas, 2022.

MATIOLO, A.; MORO, C. C. Ensino de ciências na oitava série do ensino fundamental: uma questão a ser analisada. In: ENCONTRO REGIONAL SUL DE ENSINO DE BIOLOGIA, 2., 2006, Florianópolis. Disponível em: <http://www.erebiosul2.ufsc.br/trabalhos_2arquivos/paineis%20ensinodecienciasnaoitava.pdf>. Acesso em: 28 out. 2023.

MORAN, J. M.; MASETTO, M. T.; BEHRENS, M. A. Novas tecnologias e mediação pedagógica. 15. ed. Campinas: Papirus, 2009.

MOREIRA, M. A. Teorias de aprendizagem. 2. ed. São Paulo: EPU, 2015.

MOREIRA, M. A.; OSTERMANN, F. Sobre o ensino do método científico. Caderno Brasileiro de Ensino de Física, Florianópolis, v. 10, n. 2, p. 108-117, ago. 1993. Disponível em: <https://periodicos.ufsc.br/index.php/fisica/article/view/7275>. Acesso: 16 jul. 2024.

NAKASHIMA, R. H. R.; AMARAL, S. F. do. Indicadores didático-pedagógicos da linguagem interativa da lousa digital. Cadernos de Educação, Pelotas, v. 37, p. 381-415, set./dez. 2010.

NATIONAL GEOGRAPHIC. O que é a biodiversidade e como preservá-la? 20 jul. 2022. Disponível em: <https://www.nationalgeographicbrasil.com/meio-ambiente/2022/07/o-que-e-a-biodiversidade-e-como-preserva-la>. Acesso em: 16 jul. 2024.

NÉBIAS, C. Formação dos conceitos científicos e práticas pedagógicas. Interface: Comunicação, Saúde, Educação, Botucatu, v. 3, n. 4, p. 133-140, fev. 1999. Disponível em: <https://www.scielo.br/j/icse/a/wB3f5LTHSPSjgqnX4F4zRLy/?lang=pt>. Acesso em: 15 jul. 2024.

NÉRICI, I. G. Didática geral dinâmica. 6. ed. São Paulo: Atlas, 1981.

NÉRICI, I. G. Metodologia de ensino: uma introdução. 4. ed. São Paulo: Atlas, 1992.

NOGUEIRA, N. R. Pedagogia dos projetos: uma jornada interdisciplinar rumo ao desenvolvimento das múltiplas inteligências. 7. ed. São Paulo: Érica, 2007.

OLIVEIRA NETTO, A. A. Metodologia da pesquisa científica: guia prático para a apresentação de trabalhos acadêmicos. 2. ed. rev. e atual. Florianópolis: Visual Books, 2006.

OLIVEIRA, O. B.; BARRA, V. M. Conteúdo, metodologia e avaliação do ensino das ciências naturais: curso de Pedagogia – séries iniciais do ensino fundamental na modalidade de educação a distância. Curitiba: UFPR/Nead, 2002.

PEDUZZI, L. O. Q.; RAICIK, A. C. Sobre a natureza da ciência: asserções comentadas para uma articulação com a história da ciência. Investigações em Ensino de Ciências, v. 25, n. 2, p. 19-55, 2020.

Disponível em: <https://ienci.if.ufrgs.br/index.php/ienci/article/view/1606>. Acesso em: 16 jul. 2024.

PERRENOUD, P. Avaliação: da excelência à regulação das aprendizagens – entre duas lógicas. Porto Alegre: Artmed, 1999.

POZO, J. I.; CRESPO, M. A. G. A aprendizagem e o ensino de ciências: do conhecimento cotidiano ao conhecimento científico. 5 ed. Porto Alegre: Artmed, 2009.

PRAIA, J.; CACHAPUZ, A.; GIL-PÉREZ, D. A hipótese e a experiência científica em educação em ciência: contributos para uma reorientação epistemológica. Ciência e Educação, Bauru, v. 8, n. 2, p. 253-262, 2002. Disponível em: <https://www.scielo.br/j/ciedu/a/NBjWWJKPbdVW4qQJNBc5LVC/>. Acesso em: 16 jul. 2024.

ROCHA, F. S. M.; MOTTA, M. S. Recursos audiovisuais na educação: algumas possibilidades em Ciências e em Matemática. Caderno Intersaberes. v. 9, n. 22, p. 99-111, 2020.

ROSA, P. R. da S. O uso de recursos audiovisuais e o ensino de ciências. Caderno Brasileiro de Ensino de Física, Florianópolis. v. 17, n. 1, p. 33-49, abr. 2000.

RUSSEL, J. B. Química geral. São Paulo: McGraw-Hill, 1986.

SACRISTÁN, J. G.; PÉREZ GÓMEZ, A. I. Compreender e transformar o ensino. 4. ed. São Paulo: Artmed, 1998.

SANTOS, W. L. P. dos; MÓL, G. (Coord.). Química cidadã: ensino médio. 3. ed. São Paulo: AJS, 2016. (Coleção Química Cidadã, v. 1).

SANTOS, A. R. dos R.; MENDES SOBRINHO, J. A. de C. Contextualizando o ensino de ciências naturais nas séries iniciais. In: MENDES SOBRINHO, J. A. de C. (Org.). Práticas pedagógicas em ciências naturais: abordagens na escola fundamental. Teresina: Ed. da UFPI, 2008. p. 27-60.

SANTOS, W. L. P. Contextualização no ensino de ciências por meio de temas CTS em uma perspectiva crítica. Ciência e Ensino, v. 1, n. especial, p. 1-12, nov. 2007. Disponível em: <https://recursosdefisica.com.br/files/149-530-1-PB.pdf>. Acesso em: 16 jul. 2024.

SANTOS, W. L. P.; SCHNETZLER, R. P. Educação em química: compromisso com a cidadania. 3. ed. Ijuí: Ed. da Unijuí, 2003.

SARRÍA, E. H. G.; SCOTTO, A. L. Alimentos: uma questão de química na cozinha. In: WEISSMANN, H. (Org.). Didática das ciências naturais: contribuições e reflexões. Porto Alegre: Artmed, 1998. p. 185-229.

SCHNETZLER, R. P. Construção do conhecimento e ensino de ciências. Em Aberto, Brasília, ano 11, n. 55, p. 16-23, jul./set. 1992. Disponível em: <https://emaberto.inep.gov.br/ojs3/index.php/emaberto/article/view/2155/1894>. Acesso em: 16 jul. 2024.

SCHNETZLER, R. P.; ARAGÃO, R. M. R. Importância, sentido e contribuições de pesquisas para o ensino de química. In: MORTIMER, E. F. Química: ensino médio. Brasília: Ministério da Educação/Secretaria de Educação Básica, 2006. p. 158-165. (Coleção Explorando o Ensino, v. 5).

SCHROEDER, E. Conceitos espontâneos e conceitos científicos: o processo da construção conceitual em Vygotsky. Atos de Pesquisa em Educação, Blumenau, v. 2, n. 2, p. 293-318, maio/ago. 2007. Disponível em: <http://proxy.furb.br/ojs/index.php/atosdepesquisa/article/view/569/517>. Acesso em: 16 jul. 2024.

SEVERINO, A. J. O conhecimento pedagógico e a interdisciplinaridade: o saber como intencionalização da prática. In: FAZENDA, I. Didática e interdisciplinaridade. Campinas: Papirus, 1998. p. 31-44. (Coleção Práxis).

SILVA, E. O. Restrição e extensão do conhecimento nas disciplinas científicas do ensino médio: nuances de uma "epistemologia de fronteiras". Investigações em Ensino de Ciências, Porto Alegre, Instituto de Física-UFRGS, v. 4, n. 1, p. 51-72, 1999. Disponível em: <http://www.if.ufrgs.br/ienci/artigos/Artigo_ID47/v4_n1_a1999.pdf>. Acesso em: 23 set. 2022.

SOUZA, S. M. R. Um outro olhar: filosofia. São Paulo: FTD, 1995.

URSI, S. et al. Ensino de Botânica: conhecimento e encantamento na educação científica. Estudos Avançados, v. 32, n. 94, p. 7-24, 2018.

VASCONCELLOS, C. S. Avaliação: concepção dialética-libertadora do processo de avaliação escolar. 11. ed. São Paulo: Libertad, 2000. (Cadernos Pedagógicos do Libertad, v. 3).

VOLPATO, G. L. Autoria científica: por que tanta polêmica? Revista de Gestão e Secretariado, v. 7, n. 2, p. 213-227, 2016. Disponível em: <https://www.revistagesec.org.br/secretariado/article/view/597>. Acesso em: 15 jul. 2024.

WARD, H. A ciência dos jogos. In: WARD, H. et al. Ensino de ciências. 2. ed. Porto Alegre: Artmed, 2010. p. 161-174.

bibliografia comentada...

GIL-PÉREZ, D.; CARVALHO, A. M. P. Formação de professores de ciências: tendências e inovações. 9. ed. São Paulo: Cortez, 2009. (Coleção Questões da Nossa Época, v. 26).

Nesse livro, os autores apresentam textos e discussões que tratam das questões referentes à formação docente para o ensino de ciências.

DELIZOICOV, D.; ANGOTTI, J. A.; PERNAMBUCO, M. M. Ensino de ciências: fundamentos e métodos. 2. ed. São Paulo: Cortez, 2007. (Coleção Docência em Formação).

Nessa obra, os autores apresentam textos e discussões sobre as práticas educativas e a atuação dos professores de ciências no âmbito das ciências da natureza, privilegiando conteúdos, métodos e atividades que favoreçam o trabalho entre professores e alunos e o conhecimento.

MARCONI, M. A.; LAKATOS, E. M. Metodologia científica. 3. ed. São Paulo: Atlas, 2000.

Nessa obra, as autoras, por meio de textos de fácil compreensão, apresentam uma introdução geral à metodologia científica, enfatizando as diferenças essenciais entre conhecimento científico e senso comum.

OLIVEIRA, O. B.; BARRA, V. M. Conteúdo, metodologia e avaliação do ensino das ciências naturais: curso de Pedagogia – séries iniciais do ensino fundamental na modalidade de educação a distância. Curitiba: UFPR/Nead, 2002.

Esse livro aborda os conteúdos que devem ser trabalhados nas séries iniciais do ensino fundamental, bem como as metodologias de ensino e de aprendizagem das ciências naturais e o processo avaliativo.

PERRENOUD, P. Avaliação: da excelência à regulação das aprendizagens – entre duas lógicas. Porto Alegre: Artmed, 1999.

Nesse livro, o autor apresenta textos que discutem a prática da avaliação em sala de aula.

respostas...

CAPÍTULO 1

ATIVIDADES DE AUTOAVALIAÇÃO

1. c
2. d
3. b
4. d
5. a

ATIVIDADES DE APRENDIZAGEM

QUESTÕES PARA REFLEXÃO

1. Algumas ações do professor podem ser recomendadas para tornar a aprendizagem do estudante mais significativa no ambiente escolar, entre as quais podem ser citadas as seguintes:
   › valorizar e relacionar o conhecimento e as interpretações prévias do estudante sobre o conteúdo ensinado;

> fazer a contextualização dos saberes científicos em face dos saberes adquiridos no cotidiano;

> aplicar estratégias de ensino em que o estudante possa compreender a relação do conhecimento científico com o conhecimento adquirido em sua vida cotidiana;

> aplicar metodologias diferenciadas que despertem o interesse do estudante em querer aprender;

> fazer a integração de diferentes metodologias para o ensino dos conceitos científicos;

> aplicar metodologias que promovam a participação, a criatividade e o protagonismo do estudante.

2.

> Química: descoberta da estrutura do átomo; descoberta da radioatividade.

> Física: eletromagnetismo; lei da gravidade; teoria da relatividade.

> Biologia: descoberta da molécula de DNA; descoberta do mecanismo da transmissão de características entre os seres vivos.

CAPÍTULO 2

ATIVIDADES DE AUTOAVALIAÇÃO

1. d
2. c
3. d
4. b
5. b

ATIVIDADES DE APRENDIZAGEM

QUESTÕES PARA REFLEXÃO

1. Entre os desafios enfrentados pelo professor, podemos citar:
   > não ser graduado na área do conhecimento;
   > não ter conhecimento dos conceitos da área das ciências da natureza;
   > não ter conhecimento de livros didáticos e materiais adequados para trabalhar os conteúdos científicos;
   > não saber trabalhar com as questões investigativas;
   > não dominar as estratégias para o desenvolvimento de experimentos simples;
   > não ter conhecimento dos documentos curriculares.

2. É necessário considerar as tecnologias eletrônicas porque, em seu ambiente familiar, a criança já convive com rádio, TV, computador, celular e *tablet* desde cedo. Muitas delas manuseiam os aparelhos celulares com muita facilidade, assistem a filmes e desenhos pela televisão, ouvem músicas em rádios e aparelhos de CD.

CAPÍTULO 3

ATIVIDADES DE AUTOAVALIAÇÃO

1. d
2. c
3. b
4. d
5. d

ATIVIDADES DE APRENDIZAGEM

QUESTÕES PARA REFLEXÃO

1. O professor precisa articular os conhecimentos de uma disciplina com os trabalhados nas demais. Para tanto, é necessário que ele pesquise, estude e discuta com os professores das áreas em questão como viabilizar tal processo, com vistas a desenvolver metodologias de ensino e aprendizagem que visem à aprendizagem significativa.
2. O conhecimento científico pode levar o estudante a atuar de forma reflexiva e crítica na sociedade, bem como compreender o mundo em que vive.

CAPÍTULO 4

ATIVIDADES DE AUTOAVALIAÇÃO

1. d
2. b
3. c
4. d
5. a

ATIVIDADES DE APRENDIZAGEM

QUESTÕES PARA REFLEXÃO

1. A articulação entre a teoria e a prática pode se dar na discussão de um tema ou de um texto, na explicação de conteúdos ou de experimentos, na discussão dos resultados de um experimento, nas atividades de visitas orientadas, entre outras opções.

2. Algumas atividades investigativas relacionadas ao cotidiano que podem ser planejadas para estudo são: análise da formação da ferrugem, oxidação de alguns materiais, análise da qualidade da água, reciclagem dos resíduos sólidos, formação da chuva ácida, consumo de energia, iluminação de uma casa, produção de alimentos em uma horta, crescimento das plantas, classificação das plantas, entre outras.

CAPÍTULO 5

ATIVIDADES DE AUTOAVALIAÇÃO

1. d
2. a
3. d
4. d
5. c

ATIVIDADES DE APRENDIZAGEM

QUESTÕES PARA REFLEXÃO

1. O professor pode encontrar dificuldades relacionadas à falta de conhecimento de publicações especializadas para docentes e de materiais didático-pedagógicos e *sites* eletrônicos confiáveis para leitura e reflexão, os quais podem contribuir para a sua ação pedagógica e formação profissional.
2. As aulas podem ser mais interativas, se houver o desenvolvimento, por parte do professor, de atividades que proporcionem a interação entre professor e aluno e dos alunos entre si. Para tanto, é necessário que o professor articule a teoria e a prática e planeje todas as atividades.

CAPÍTULO 6

ATIVIDADES DE AUTOAVALIAÇÃO

1. a

2. b
3. c
4. c
5. d

ATIVIDADES DE APRENDIZAGEM

QUESTÕES PARA REFLEXÃO

1. A avaliação escolar deve ser contínua, para que possa cumprir sua função de auxiliar o processo de ensino e aprendizagem, pois, quando a avaliação ocorre dessa forma, feita ao longo de todo o ano, é possível ao professor refletir sobre as estratégias e as metodologias utilizadas em sala de aula, tendo a possibilidade de reformular esses procedimentos.

2. É importante que o docente das áreas de ciências da natureza, ao preparar suas avaliações, elabore questões contextualizadas, pertinentes ao cotidiano do estudante, haja vista que, com essa contextualização, o estudante terá embasamento para interpretar e compreender o que está sendo solicitado na questão. Nas questões contextualizadas, o estudante perceberá a inter-relação entre o que está sendo ensinado em sala de aula e os fatos que fazem parte de seu cotidiano. Com isso, o ensino de ciências naturais se torna mais interessante, atrativo e significativo para o seu aprendizado.

sobre as autoras...

Diane Lucia de Paula Armstrong Fernandes graduou-se no curso de licenciatura e bacharelado em Química (1993) pela Universidade Federal do Paraná (UFPR), especializou-se em Educação Ambiental (2004) pelo Centro Universitário Uninter e, nesse mesmo ano, ingressou no curso de mestrado em Ciência do Solo pela UFPR, obtendo o título de mestre no ano de 2006. Em 2008 e no início de 2010, ministrou aulas no curso de pós-graduação em Metodologia do Ensino de Biologia e Química pelo Centro Universitário Uninter na modalidade de ensino a distância (EaD). Em 2010, ministrou aulas para o curso de Formação Continuada de Professores em Educação Ambiental, na modalidade a distância, pela UFPR. De 2007 a 2013, foi professora da Faculdade Educacional de Araucária (Facear), em que atuou nos cursos de Processos Químicos, Biomedicina, Engenharia Civil e Engenharia de Produção, bem como ministrou aulas no curso de Gestão Ambiental. Atuou também como professora de Química no ensino médio nas redes particular e estadual de ensino. É autora do livro *Fundamentos filosóficos do ensino de ciências naturais*, publicado pela Editora Ibpex. É autora de capítulo no livro *Processo formador em educação ambiental a distância*, da Secretaria de Educação Continuada, Alfabetização e Diversidade (Secad).

Liane Maria Vargas Barboza é graduada no curso de licenciatura e bacharelado em Química (1991) pela Universidade Federal do Paraná (UFPR) e mestre e doutora na área de Tecnologia de Alimentos pela mesma instituição. Tem pós-doutorado em Educação pela Universidade Federal do Estado do Rio Janeiro (Unirio). Em 2010, atuou como coordenadora de tutoria do Curso de Aperfeiçoamento em Educação Ambiental/Secad/MEC/UFPR. Atua desde 2007 como professora e orientadora de projetos de ensino de professores de Ciências e Química do Programa de Desenvolvimento Educacional do Governo do Estado do Paraná em parceria com a UFPR. Atualmente, é professora da UFPR, atuando no curso de licenciatura em Química, com as disciplinas de Metodologia do Ensino de Química e Prática de Docência em Química I e II. É autora de capítulos nas seguintes obras: *Processo formador em educação ambiental a distância: módulo 1 e 2: educação a distância, educação ambiental* e *Processo formador em educação ambiental a distância*. Escreveu a obra *Mediação pedagógica na educação de jovens e adultos: ciências da natureza e matemática*, além de outros capítulos de livros.

Impressão:
Feverero/2025